1.广西机电职业技术学院专业群科教融汇专项(科研专项)课题:光储直柔建筑配电系统建模与柔性用电策略研究(项目编号:2024KJRHK020)

2.2025年度广西高校中青年教师科研基础能力提升项目:基于电池健康状态的光储直柔系统优化调度研究(项目编号:2025KY1465)

光储直柔在建筑电气节能中的创新研究

黄羹墙　著

江西科学技术出版社

江西·南昌

图书在版编目（CIP）数据

光储直柔在建筑电气节能中的创新研究 / 黄羹墙著.
南昌：江西科学技术出版社，2025. 6. -- ISBN 978-7-5390-9597-4

Ⅰ．TU85

中国国家版本馆CIP数据核字第20257P8M47号

光储直柔在建筑电气节能中的创新研究
GUANGCHU ZHIROU ZAI JIANZHU DIANQI JIENENG ZHONG DE CHUANGXIN YANJIU　　黄羹墙 著

出版发行	江西科学技术出版社
社址	南昌市蓼洲街2号附1号
	邮编：330009　电话：（0791）86623491　86639342（传真）
印刷	河北昌联印刷有限公司
经销	全国新华书店
开本	710 mm×1000 mm　1/16
字数	210千字
印张	13.75
版次	2025年6月第1版
印次	2025年6月第1次印刷
书号	ISBN 978-7-5390-9597-4
定价	85.00元

国际互联网（Internet）地址：http://www.jxkjcbs.com　　选题序号：ZK2025044　　赣版权登字：-03-2025-166
责任编辑：朱 丽　　装帧设计：文 亮
版权所有　侵权必究
（赣科版图书凡属印装错误，可向承印厂调换）

前　言

随着全球能源需求的持续增长和环境保护意识的日益增强，建筑电气节能已成为当今社会关注的焦点。建筑作为能源消耗的主要领域之一，其电气能耗占据了相当大的比例。因此，探索高效、可持续的建筑电气节能技术，对于推动绿色建筑发展、实现节能减排目标具有重要意义。光储直柔技术作为一种新兴的建筑电气节能方案，正逐渐展现出其巨大的潜力和应用前景。

建筑电气能耗现状不容乐观。随着城市化进程的加快和人们生活水平的提高，建筑电气设备种类和数量不断增加，导致电气能耗持续攀升。据统计，建筑能耗已占全球总能耗的近40%，其中电气能耗占据主导地位。这种高能耗不仅加剧了能源供需矛盾，还带来了严重的环境污染问题。因此，降低建筑电气能耗，提高能源利用效率，已成为亟待解决的重要课题。建筑电气节能的重要性不言而喻。节能不仅可以减少能源消耗，降低能源成本，还有助于减少温室气体排放，缓解全球气候变化。同时，建筑电气节能也是推动绿色建筑发展的重要途径，有助于提升建筑的整体品质和竞争力。因此，加强建筑电气节能工作，对于促进经济社会可持续发展具有重要意义。

然而，当前建筑电气节能面临着诸多挑战。一方面，传统节能技术存在效率低、成本高、应用范围有限等问题，难以满足日益增长的节能需求。另一方面，建筑电气系统复杂多样，不同建筑类型、不同用电设备对节能技术的要求各不相同，这给节能技术的研发和推广带来了很大难度。此外，政策引导和市场机制尚不完善，也制约了建筑电气节能工作的深入开展。在这样的背景下，光储直柔技术应运而生，为建筑电气节能提供了新的解决方案。光储直柔技术集光伏发电、储能、直流配电和柔性用电于一体，通过优化整合本地电源侧、电网侧、负荷侧资源，构建源网荷储高度融合的新型电力系统。这一技术不仅提高了能源利用效率，还降低了能源成本，实现了能源的可持续利用。

本书旨在深入探讨光储直柔技术在建筑电气节能中的创新应用。首先，我们分析建筑电气能耗现状和挑战，阐述建筑电气节能的重要性。其次，我们详细介绍光储直柔技术的各个组成部分，包括光伏发电技术、储能技术、直流配电技术和柔性用电技术，以及光储直柔系统的整体架构。最后，我们探讨光储直柔技术的政策与标准支持，以及其在建筑电气节能中的应用原理。

本书还重点研究光储直柔系统的设计与优化，包括光伏发电系统、储能系统、直流配电系统和柔性用电系统的设计与优化方法，以及光储直柔系统的整体设计与优化策略。同时，我们还将对光储直柔技术在建筑电气节能中的经济性与环境效益进行分析，评估其投资成本、运行成本、节能效益和环境效益。

本书关注光储直柔技术的安全性与可靠性，提出安全防护措施和可靠性保障措施，以及提升光储直柔系统安全性与可靠性的策略。同时，我们还探讨光储直柔技术的智能化管理与应用，介绍智能化管理系统的概述、应用以及设计、优化与应用方法。希望通过本书的研究，能够为建筑电气节能工作提供新的思路和方法，推动光储直柔技术的广泛应用和发展。

目 录

第一章 建筑电气节能现状与挑战 ··· 001

 第一节 建筑电气能耗现状 ··· 001

 第二节 建筑电气节能的重要性 ··· 008

 第三节 当前建筑电气节能面临的挑战 ····································· 014

 第四节 建筑电气节能技术的发展趋势 ····································· 020

第二章 光储直柔技术概述 ··· 027

 第一节 "光"即光伏发电技术 ··· 027

 第二节 "储"即储能技术 ··· 035

 第三节 "直"即直流配电技术 ··· 046

 第四节 "柔"即柔性用电技术 ··· 056

 第五节 光储直柔系统的整体架构 ··· 066

第三章 光储直柔技术的政策与标准支持 ··································· 077

 第一节 国家相关政策解读 ··· 077

 第二节 行业标准与规范 ··· 084

 第三节 政策与标准对光储直柔技术推广的促进作用 ························· 095

第四章 光储直柔在建筑电气节能中的应用原理 ····························· 105

 第一节 光伏发电在建筑电气中的应用原理 ································· 105

第二节 储能技术在建筑电气节能中的作用 ················ 112

第三节 直流配电技术在建筑电气中的应用 ················ 118

第四节 柔性用电技术的实现方式 ························ 125

第五节 光储直柔系统节能原理与应用机制 ················ 131

第五章 光储直柔系统设计与优化 ·················· 139

第一节 光伏发电系统的设计与优化 ···················· 139

第二节 储能系统的设计与优化 ························ 147

第三节 直流配电系统的设计与优化 ···················· 156

第四节 柔性用电系统的设计与优化 ···················· 165

第五节 光储直柔系统的整体设计与优化 ················ 177

第六章 光储直柔技术的安全性与可靠性 ············ 185

第一节 安全性与可靠性分析 ·························· 185

第二节 安全防护措施与策略 ·························· 193

第三节 可靠性保障措施 ······························ 198

第四节 提升光储直柔系统安全性与可靠性的策略 ········ 207

参考文献 ·· 213

第一章 建筑电气节能现状与挑战

第一节 建筑电气能耗现状

一、全球及国内建筑电气能耗统计数据

（一）全球建筑电气能耗统计数据

全球建筑电气能耗是能源消耗的重要组成部分，其变化对全球能源结构和碳排放产生显著影响。据国际能源署发布的数据，2023年全球最终能源消耗总量为442艾焦耳（以下简称EJ），其中建筑物能源消耗量为133 EJ，占总量的30.1%。这一比例与工业、交通能耗并列为全球三大能耗。从2010年到2023年，建筑物的能源消耗量从115 EJ增加到了133 EJ，显示出建筑物能源消耗在全球能源结构中的重要性。

建筑物的运行不仅消耗大量能源，同时也产生大量的碳排放。2021年，建筑物的运行消耗了全球最终能源消耗的30%，碳排放则占能源部门总排放量的27%。其中，8%是建筑物的直接排放，19%是建筑物中使用的电力和热力生产的间接排放。尽管在2020年因Covid-19限制而有所下降，但2021年的能源消耗和排放量均恢复至2019年水平以上。全球建筑电气能耗的增长趋势与全球能源效率进展密切相关。然而，全球能源效率的提升速度正在放缓。数据显示，全球能源效率进展以一次能源强度的变化率来衡量，在2024年只会出现约1%的微弱改善，与2023年的变化率相同，约为2010—2019年期间平均变化率的1/2。这意味着，尽管在努力提升能效，但全球建

筑电气能耗的减少速度并不快。

此外，全球建筑电气能耗还受到各国能源政策和建筑法规的影响。据统计，目前只有80个国家制定了建筑能源法规和标准。如果不进一步扩大这些法规的范围和严格程度，到2030年建筑面积预期增长的40%将不会被整个行业的建筑法规涵盖。为了与净零情景保持一致，建筑行业要求所有新建筑和改造建筑最迟在2030年之前做好零碳准备。

（二）国内建筑电气能耗统计数据

在国内，建筑电气能耗同样占据重要地位。根据中国建筑节能协会发布的数据，2021年全国建筑运行碳排放预估值为22.4亿吨，比2020年略有增加。其中，建材生产阶段的能耗和碳排放占比均最高，分别占全国能耗总量和碳排放总量的22.3%和28.2%；建筑运行阶段的能耗和碳排放量次之，占全国的比重分别是21.3%和21.7%。近年来，中国建筑节能行业得到了快速发展。数据显示，2023年中国建筑节能行业产值规模约为3718亿元，其中建筑材料产值规模约为2377.1亿元，建筑新能源产值规模约为139.3亿元，其他建筑节能产值规模约为1201.6亿元。在建筑节能方面，中国也取得了显著成效。2023年中国新增节能建筑面积约23.3亿m^2，节能建筑累计面积约为303.5亿m^2。2023年中国建筑节能新增改造面积约为2.2亿m^2，累计改造面积约为26.8亿m^2。这些数据显示出中国在推广节能建筑方面的努力和成果。具体到建筑电气能耗方面，中国也面临着不小的挑战。据国际能源署全球建筑物跟踪报告数据，2021年中国民用建筑建造能耗为5.2亿t标准煤，占全国总能耗的10%。建材生产的能耗是建造能耗的最主要组成部分，其中钢铁和水泥的生产能耗占到建筑业建造总能耗的80%以上。在建筑运行过程中，电气设备的能耗也占据重要地位。例如，2021年中国建筑空调制冷所造成的制冷剂泄露相当于排放约1.1亿t二氧化碳当量，约占我国建筑运行所导致的二氧化碳排放总量的6%。

为了应对建筑电气能耗的挑战，中国政府出台了一系列政策，包括更新行动计划、修订能效标准和推动设备更新等。这些政策旨在提高能效、减少能源需求、推动能源结构转型。例如，政府推动使用更高效和可再生能源技术的速度加快，包括热泵和区域能源等。同时，政府还鼓励使用最好的电器、电灯和空调等设备，以减少建筑电气能耗。此外，中国的建筑节能市场也在快速发展。根据市场研究公司的数据，全球建筑节能检测市场规模在过去几年间以年均10%的速度增长。预计到2029年，中国建筑节能市场规模将超过3000亿元。随着技术的不断进步和市场的不断成熟，建筑节能市场将更加注重智能化、绿色化和标准化发展，为建筑行业的绿色、低碳、高效发展做出更大贡献。

（三）国内外建筑电气能耗比较

与全球建筑电气能耗相比，中国建筑电气能耗具有一些独特的特点。首先，中国建筑运行能耗强度相对较低。根据国际能源署的数据，中国建筑运行人均碳排放为 1.6 tCO_2/人，是美国的1/3，是日本韩国的1/2左右；单位面积碳排放为 33 $kgCO_2/m^2$，几乎是日本韩国的1/2。这说明中国建筑运行能耗强度较低，但仍有提升空间。其次，中国建筑节能市场的发展速度较快。随着全球对能源节约和环境保护意识的提高，中国建筑节能行业得到了快速发展。政府出台了一系列政策来推动建筑节能行业的发展，包括更新行动计划、修订能效标准和推动设备更新等。这些政策为建筑节能市场的发展提供了有力支持。

然而，中国建筑电气能耗也面临着一些挑战。首先，随着建筑面积的增加和人民生活水平的提高，建筑电气能耗的需求也在不断增加。其次，尽管政府出台了一系列政策来推动建筑节能行业的发展，但政策的执行力度和效果仍需进一步加强。最后，建筑节能技术和产品的推广应用也面临一些困难，如技术成本高、市场推广难度大等。

二、建筑电气能耗的主要组成部分

建筑电气能耗作为建筑能耗的重要组成部分，其构成复杂多样，涉及多个方面。了解建筑电气能耗的主要组成部分，对于制定有效的节能策略、降低建筑能耗具有重要意义。

电动机在建筑电气系统中占据重要地位，其能耗也是不可忽视的。电动机广泛应用于建筑中的各种设备，如风机、水泵、空调压缩机等。这些设备的运行需要消耗大量的电能，因此电动机的能耗成为建筑电气能耗的重要组成部分。电动机的能耗与其效率、负载率、运行时间等因素密切相关。提高电动机的效率、优化负载率、合理安排运行时间，都是降低电动机能耗的有效措施。照明是建筑物所必需的设施之一，但也是能耗较高的部分。传统的白炽灯具有较低的发光效率，而LED灯具具有较高的能效和寿命。据统计，照明能耗在建筑电气能耗中占有一定比例。随着LED灯具技术的不断发展和普及，其能耗逐渐降低，成为降低建筑电气能耗的重要途径。此外，通过采用智能照明控制系统、天然光利用等手段，也可以有效降低照明能耗。

电力变压器是建筑电气系统中的关键设备，用于将高电压电能转换为低电压电能，以供建筑内部各种电气设备使用。电力变压器的能耗主要包括空载损耗、负载损耗和杂散损耗。空载损耗是指变压器在空载状态下产生的损耗，主要由铁芯损耗组成；负载损耗是指变压器在负载状态下产生的损耗，主要由铜损和铁损组成；杂散损耗则是指变压器在运行过程中产生的其他损耗。降低电力变压器能耗的措施包括选用高效节能的变压器、优化变压器的运行方式、合理安排负载等。电力电缆是建筑电气系统中的重要组成部分，用于将电能从配电室传输到各个用电设备。电力电缆的能耗主要包括导体损耗和介质损耗。导体损耗是指电流通过导体时产生的热量损失，介质损耗则是指电场作用下介质中发生的能量损耗。降低电力电缆能耗的措施包括选用低电阻率的导体材料、优化电缆截面和长度、合理安排电缆敷设方式等。

空调是建筑物中最耗能的设备之一，主要用于调节室内温度和湿度。空调能耗在建筑电气能耗中占有较大比例。影响空调能耗的因素包括空调系统的容量、使用时间、设备效率以及室内外温差等。合理使用空调、选择高效节能的设备、增加建筑的隔热性等都是减少空调能耗的重要措施。此外，通过采用智能控制系统、优化空调运行参数等手段，也可以有效降低空调能耗。照明是建筑物所必需的设施之一，但也是能耗较高的部分。传统的白炽灯具有较低的发光效率，而LED灯具具有较高的能效和寿命。通过采用LED照明、智能照明控制系统、天然光利用等手段，可以降低照明能耗。此外，合理设计照明布局、选择合适的照明功率和光色等也是降低照明能耗的有效措施。

电梯在高层建筑中扮演着重要的角色，但也是能耗较高的设备之一。电梯能耗主要包括驱动电机能耗、控制系统能耗和辅助设备能耗等。减少电梯使用次数、采用能量回收技术、定期维护保养等措施，可以有效降低电梯能耗。此外，通过优化电梯的运行调度、提高电梯的运行效率等也可以进一步降低电梯能耗。暖通包括供暖、通风和空气调节等，是建筑物中不可或缺的系统。建筑物在冬季供暖和夏季空调中耗能较大，因此优化供暖系统、改善建筑隔热性能、使用高效节能的设备等，都是提高暖通能耗效率的关键。此外，通过采用智能控制系统、优化运行参数等手段，也可以有效降低暖通能耗。

除了上述主要设备外，建筑电气系统中还包括许多其他设备，如办公设备、通信设备、安防设备等。这些设备的能耗虽然相对较小，但数量众多，累加起来也不容忽视。降低这些设备能耗的措施包括选用低能耗的设备、合理安排使用时间、加强设备管理等。

三、建筑电气能耗的地域分布特点

建筑电气能耗的地域分布特点受到多种因素的影响，包括气候、经济发展水平、建筑类型、居民生活习惯等。不同地域的建筑电气能耗呈现出显著的差异，这些差异不仅体现在总量上，还体现在结构和变化趋势上。

（一）南北地域差异

中国地域辽阔，南北气候差异显著，这直接影响了建筑电气能耗的地域分布。北方地区冬季寒冷，需要供暖，而南方地区夏季炎热，需要空调制冷。因此，在电气能耗方面，北方地区冬季供暖能耗较高，而南方地区夏季空调能耗较高。

北方地区的冬季供暖能耗占据了建筑电气能耗的较大比例。由于冬季气温低，供暖需求大，北方地区的建筑多采用集中供暖或分户供暖的方式。供暖系统的运行需要大量的电能，包括供暖设备的运行、热水的循环等。此外，北方地区的建筑保温性能普遍较差，导致供暖能耗进一步增加。随着节能技术的不断推广和应用，北方地区的供暖能耗逐渐得到控制，但仍然是建筑电气能耗的重要组成部分。

南方地区的夏季炎热潮湿，空调制冷需求大。随着人们生活水平的提高和空调设备的普及，南方地区的建筑电气能耗中空调能耗占比逐渐上升。特别是在夏季高温期间，空调几乎全天候运行，导致电气能耗激增。此外，南方地区的建筑多采用自然通风和遮阳等方式来降低室内温度，但这在一定程度上仍然无法替代空调的作用。因此，南方地区的建筑电气能耗呈现出夏季高、冬季低的特点。

（二）城乡地域差异

城乡地域差异也是建筑电气能耗分布的重要特点之一。由于城乡经济发展水平和居民生活习惯的不同，建筑电气能耗在城乡之间呈现出显著的差异。

城市地区的建筑电气能耗相对较高。这主要是因为城市建筑密度大、人口集中，对电力需求大。城市建筑多采用高层建筑和多层建筑，建筑内部的电气设备种类多、数量大，如电梯、照明、空调等。此外，城市居民的生活水平普遍较高，对电力的需求也更大。在城市地区，商业建筑和公共建筑的电气能耗也占据一定比例，如商场、写字楼、酒店等。这些建筑的电气设备种类多、运行时间长，导致电气能耗较高。

相比城市地区，农村地区的建筑电气能耗相对较低。这主要是因为农村地区建筑密度小、人口分散，对电力需求相对较小。农村建筑多采用低层建筑或平房，建筑内部的电气设备种类少、数量小。此外，农村居民的生活习惯也与城市居民不同，对电力的需求也较小。然而，随着农村经济的发展和居民生活水平的提高，农村地区的建筑电气能耗也在逐渐上升。特别是随着家电设备的普及和农业电气化的发展，农村地区的电气能耗增速逐渐加快。

(三)经济发展水平差异

经济发展水平也是影响建筑电气能耗地域分布的重要因素之一。不同经济发展水平的地区,建筑电气能耗呈现出不同的特点和趋势。

在经济发达的地区,建筑电气能耗相对较高。这主要是因为这些地区的经济发展速度快、工业化程度高,对电力的需求大。发达地区的建筑多采用现代化、智能化的设计,建筑内部的电气设备种类多、数量大,如智能照明、空调系统、电梯等。此外,发达地区的居民生活水平高,对电力的需求也更大。这些因素共同导致发达地区的建筑电气能耗较高。

在经济欠发达的地区,建筑电气能耗相对较低。这主要是因为这些地区的经济发展速度慢、工业化程度低,对电力的需求相对较小。欠发达地区的建筑多采用传统的设计方式,建筑内部的电气设备种类少、数量小。此外,欠发达地区的居民生活水平相对较低,对电力的需求也较小。然而,随着这些地区经济的发展和居民生活水平的提高,建筑电气能耗也有望逐渐上升。

(四)建筑类型差异

不同类型的建筑,其电气能耗也存在显著差异。不同类型的建筑在用途、设计、结构等方面存在差异,导致电气能耗呈现出不同的特点和趋势。

住宅建筑是建筑电气能耗的重要组成部分。住宅建筑的电气能耗主要包括照明、空调、电视、冰箱等家用电器的能耗。不同地区的住宅建筑电气能耗存在差异,这主要与当地的气候条件、居民生活习惯等因素有关。例如,在北方地区,冬季供暖能耗较高;在南方地区,夏季空调能耗较高。公共建筑如商场、写字楼、酒店等,其电气能耗也占据一定比例。公共建筑的电气能耗主要包括照明、空调、电梯、通信设备等的能耗。由于公共建筑的使用频率高、运行时间长,因此其电气能耗相对较高。特别是在大型公共建筑中,如体育馆、剧院等,由于设备种类多、数量大,电气能耗更为显著。

工业建筑如工厂、车间等,其电气能耗也较高。工业建筑的电气能耗主要包括生产设备、照明、空调等的能耗。工业建筑的电气能耗与生产工艺、设备类型、生产规模等因素有关。随着工业化的推进和技术的进步,工业建筑的电气能耗有望逐渐得到控制。

第二节　建筑电气节能的重要性

一、节能对减缓气候变化的意义

在全球气候变化的背景下，节能作为应对气候变化的重要策略之一，具有深远的意义。节能不仅能够直接减少温室气体的排放，缓解全球气候变暖的速度和程度，还能够在经济、社会和环境等多个方面带来积极的效益。

（一）节能在减缓气候变化中的直接作用

节能在减缓气候变化中的直接作用不容忽视。全球气候变暖的根源在于温室气体，尤其是二氧化碳的大量排放。而能源消耗是温室气体排放的主要来源之一。通过节能，我们可以直接减少能源的消耗，从而降低温室气体的排放量。节能措施的实施可以有效降低工业生产、交通运输、建筑和农业等各个领域的能源消耗，从而减少二氧化碳、甲烷等温室气体的排放。例如，在工业生产中，通过改进生产工艺、采用先进的节能设备和技术，能够显著降低能源的消耗和温室气体的排放。在交通运输领域，推广新能源汽车、优化交通规划、鼓励绿色出行方式等，也能够有效减少燃油消耗和尾气排放。

节能不仅有助于减缓气候变化，还能够保护生态环境。能源消耗过程中产生的废气、废水、固体废物等污染物，严重破坏了自然生态系统的平衡。通过节能，我们可以减少对自然资源的过度开采，减轻环境污染，为野生动植物提供更加适宜的生存环境，从而维护地球生命的多样性。

（二）节能在经济层面的意义

节能不仅有助于减缓气候变化，还能够带来显著的经济效益。

节能措施的实施可以降低企业的能源成本，提高企业的经济效益和竞争力。节约能源意味着减少对进口能源的依赖，保障国家的能源安全。同时，节能还能够减少企业的运营成本，提高企业的盈利能力。

节能是发展新质生产力的重要抓手。通过提升能源利用效率，推动传统产业绿色低碳转型，培育壮大新兴产业，如新能源和循环经济等，可以促进经济的高质量发展。这些新兴产业不仅创造了大量的就业机会，还促进了经济结构的调整和转型升级，实现了经济发展与环境保护的良性互动。为了实现节能目标，需要不断研发和应用新的节能技术和管理方法。这有助于推动科技创新和产业升级，为经济社会的可持续发展提供动力。

（三）节能在社会层面的意义

节能在社会层面也具有重要意义，主要体现在提升居民生活质量和推动社会和谐方面。

通过推广节能产品和技术，如节能灯、节能家电等，可以减少能源消耗，降低生活成本。同时，节能还能够减少环境污染，提升居民的生活质量。一个清洁、美丽、宜居的环境不仅是每个人向往的生活空间，也是节能带来的直接福祉。

节能行动的推广和实施能够增强公众的环保意识。通过教育和宣传，让更多的人了解节能的重要性和紧迫性，从而激发公众参与节能减排的积极性。公众的广泛参与是推动节能工作深入开展的重要力量。

（四）节能在环境层面的意义

节能在环境层面的意义同样重要，主要体现在改善空气质量和保护生态系统方面。

节能措施的实施可以减少污染物的排放，从而改善空气质量。减少二氧化硫、氮氧化物、颗粒物等污染物的排放，有助于减少呼吸道疾病和其他健康问题，提高人们的健康水平。节能有助于减缓气候变化对生态系统的冲击，为生物多样性的保护创造有利条件。减少能源消耗可以降低对森林的砍伐，保护森林生态系统；减少温室气体排放可以减缓气候变化的速度，为生态系统的适应和恢复提供一定的时间和条件。

（五）节能的国际合作意义

节能不仅是一个国家内部的事务，还需要国际合作来共同应对全球气候变化挑战。

通过国际协议（如《巴黎协定》）的制定与实施，各国可以共享节能减排技术与经验。这种合作不仅有助于解决全球性问题，还能促进国家间的经济、技术交流与合作，增进相互理解与友谊。

节能是全球能源转型的重要组成部分。通过国际合作，各国可以协同推进全球能源转型与低碳发展，形成应对气候变化的国际合力。这种合作有助于推动全球能源结构的优化和升级，提高全球能源利用效率。

二、建筑电气节能对能源安全的贡献

在全球化和城市化的背景下，建筑行业的能源消耗急剧增加，成为能源安全的重要考量因素。建筑电气节能作为节能减排的重要组成部分，对保障国家能源安全、促进经济可持续发展具有重要意义。

（一）建筑电气节能对能源供应安全的贡献

随着城市化进程的加速，建筑能耗占社会总能耗的比例不断上升。建筑电气节能通过优化电气设备、降低电能消耗和提高能源利用效率，有效减轻了能源供应压力。通过采用高效节能的灯具、变频空调、节能型电梯等设备，以及智能控制系统等先进技术，可以显著降低建筑的电能消耗，减少对传统能源的依赖，从而保障国家能源供应的稳定性和安全性。

建筑电气节能不仅关注传统能源的节约，还积极推动可再生能源的利用。太阳能、风能等可再生能源在建筑电气领域的应用逐渐广泛。通过安装太阳能光伏板、风力发电设备等，将可再生能源转化为电能，为建筑提供绿色、清洁的能源供应。这不仅减少了对传统能源的依赖，还降低了碳排放，有助于应对气候变化和保障国家能源安全。

（二）建筑电气节能对能源结构优化的贡献

建筑电气节能通过促进可再生能源的利用，推动了能源结构的多元化。传统能源供应往往依赖于煤炭、石油等化石燃料，而这些能源的储量有限且开采成本高昂。建筑电气节能通过引入太阳能、风能等可再生能源，增加了能源供应的来源，降低了对单一能源的依赖，从而提高了能源供应的稳定性和安全性。

建筑电气节能的发展带动了相关产业的发展，促进了能源产业的升级。随着节能技术和设备的广泛应用，节能产业逐渐成为一个新的经济增长点。节能灯具、变频空调、节能型电梯等节能产品的生产和销售，以及智能控制系统等先进技术的研发和应用，都为能源产业的升级提供了动力。这些新兴产业的发展不仅提高了能源利用效率，还创造了大量的就业机会，推动了经济的可持续发展。

（三）建筑电气节能对能源利用效率提升的贡献

建筑电气节能通过优化电气设备和系统，提高了能源利用效率。采用高效节能的灯具、变频空调等设备，以及智能控制系统等先进技术，可以显著降低建筑的电能消耗，提高能源利用效率。例如，高效节能灯具比传统白炽灯节能80%以上，变频空调可以根据室内温度变化进行调节，减少能耗。这些节能技术和设备的应用，不仅降低了建筑的运行成本，还提高了能源利用效率，保障了国家能源安全。

建筑电气节能的发展推动了能源管理的智能化。通过智能控制系统等先进技术的应用，可以实时监测和控制建筑的电能消耗，优化能源分配和使用。例如，智能照明控制系统可以根据光线感应自动调节亮度，实现能源的有效利用；智能空调控制系统可以根据室内温度和人员数量进行自动调节，避免不必要的能源浪费。这些智能化管理手段的应用，不仅提高了能源利用效率，还增强了能源供应的稳定性和安全性。

（四）建筑电气节能对能源安全战略实施的贡献

建筑电气节能是国家能源安全战略的重要组成部分。通过实施建筑电气节能措施，可以减少对传统能源的依赖，降低能源供应风险，提高能源利用效率，保障国家能源安全。这符合国家能源安全战略的目标和要求，有助于实现能源供应的稳定性和可持续性。

建筑电气节能的发展也促进了国际合作与交流。通过与国际先进技术和经验的交流与合作，可以引进先进的节能技术和设备，提高我国建筑电气节能的水平。同时，我国也可以将自身的节能技术和经验分享给其他国家，共同推动全球能源安全和可持续发展。这种国际合作与交流不仅有助于提升我国在国际能源领域的地位和影响力，还为全球能源安全问题的解决提供了有益的参考和借鉴。

三、建筑电气节能的经济效益分析

随着全球能源需求的不断增长和环境保护意识的日益增强，建筑电气节能已成为建筑行业发展的重要趋势。建筑电气节能不仅有助于减少能源消耗、降低碳排放，还能带来显著的经济效益。

建筑电气节能通过采用高效节能的电气设备和系统，显著降低建筑的电能消耗，从而降低运营成本。在建筑中，电气设备的能耗占比较大，如照明、空调、电梯等设备。通过采用LED照明、变频空调、节能型电梯等设备，可以显著降低能耗，减少电费支出。此外，建筑电气节能还能减少设备的维护成本，延长设备的使用寿命，进一步提高经济效益。建筑电气节能不仅能降低运营成本，还能提升建筑的市场价值。在房地产市场中，节能建筑往往比传统建筑更具竞争力。节能建筑通过采用先进的节能技术和设备，提供舒适、健康、绿色的居住环境，满足消费者对高品质生活的需求。这些优点使得节能建筑更受消费者和投资者的青睐，从而能够获得更高的租赁和销售价格。此外，节能建筑还能获得政府的奖励和支持，进一步提高其市场价值。

建筑电气节能还能创造大量就业机会，促进经济发展。随着节能技术和设备的应用和推广，需要更多的专业人员参与设计和施工。这些人员包括设计师、工程师、施工工人等。同时，节能设备和材料的需求增加也带动了相关产业链的发展，如制造、供应、安装和维护等环节。这些就业机会的增加不仅能够促进经济发展，还能减少社会的失业风险，提高民众的生活质量。建筑电气节能通过减少对传统能源的依赖，推动能源结构的优化，提高能源安全。传统能源如煤炭、石油等储量有限且开采成本高昂，而建筑电气节能通过采用可再生能源和高效节能技术，减少对传统能源的消耗，从而降低能源供应风险。此外，建筑电气节能还能促进能源产业的升级和发展，为经济的可持续发展提供动力。

建筑电气节能的发展推动了技术创新与产业升级。为了满足节能需求，企业需要不断研发新的节能技术和设备，提高产品的能效水平。这些技术创新不仅有助于提升企业的竞争力，还能带动相关产业链的发展，如智能制造、物联网等。同时，建筑电气节能还能促进建筑行业的转型升级，推动绿色建筑和智能建筑的发展，为经济的可持续发展提供新的动力。建筑电气节能通过减少能源消耗和碳排放，有助于减少环境污染，提升企业形象。随着环境保护意识的日益增强，消费者对绿色、环保产品的需求不断增加。建筑电气节能通过采用可再生能源和高效节能技术，减少碳排放和环境污染，符合消费者的环保需求。这些措施不仅有助于提升企业的社会责任形象，还能增强消费者对品牌的忠诚度，为企业带来更多的商业机会。

为了更直观地展示建筑电气节能的经济效益，我们可以进行量化分析。以某商业建筑为例，假设其年耗电量为 1000 万 kW·h，电费单价为 1 元 / kW·h。若采用建筑电气节能措施，将年耗电量降低至 800 万 kW·h，则每年可节约电费 200 万元。同时，考虑到节能设备的投资成本和维护成本，假设总投资为 100 万元，使用寿命为 10 年。那么，每年平均投资成本为 10 万元。因此，每年实际节约的成本为 190 万元。若考虑资金的时间价值，采用净现值法进行计算，假设折现率为 5%，则 10 年内的净现值为 1295.7 万元。这表明建筑电气节能措施在经济上具有显著的优势。

第三节 当前建筑电气节能面临的挑战

一、技术更新换代的快速性

当今这个日新月异的时代，技术的更新换代以前所未有的速度进行着。从信息技术的飞速发展，到人工智能的广泛应用，再到新能源技术的不断涌现，技术的快速迭代正深刻改变着我们的生活、工作和社会结构。

（一）技术更新换代的速度与特征

技术更新换代的快速性主要体现在以下几个方面：

（1）周期缩短：过去，一项新技术的诞生到广泛应用可能需要几十年甚至上百年的时间。而如今，新技术的出现到普及往往只需几年甚至几个月。例如，智能手机从诞生到普及只用了短短几年时间，而5G技术的商用也仅仅用了几年就完成了从研发到部署的过程。

（2）融合加速：不同领域的技术正在以前所未有的速度融合，形成新的技术体系和产业生态。比如，人工智能与物联网、大数据、云计算等技术的融合，正在推动智慧城市、智能工厂等新型应用场景的出现。

（3）创新模式变革：开源技术、共享经济、平台经济等新兴模式的出现，使得技术创新的门槛降低，创新速度加快。这些模式促进了技术知识的共享和资源的优化配置，加速了技术的迭代升级。

（4）影响广泛：技术的快速更新换代不仅影响着科技行业本身，还深刻改变着其他行业和社会生活的各个方面。从教育、医疗到交通、娱乐，几乎没有哪个领域能够逃脱技术变革的影响。

（二）技术更新换代对社会的影响

技术的快速更新换代导致一些传统职业逐渐消失，同时催生了大量新兴职业。这种变化要求劳动者不断学习新技能，以适应市场需求。虽然技术创造了新的就业机会，但也加剧了就业市场的竞争和不稳定性。技术的更新换代极大地丰富了人们的生活方式。智能手机、智能家居、在线购物等技术的普及，使得人们的生活更加便捷、舒适。同时，社交媒体、短视频等平台的兴起，也改变了人们的社交方式和娱乐习惯。

随着信息技术的快速发展，教育模式正在经历深刻变革。在线教育、远程教育、个性化学习等新型教育模式逐渐兴起，为学习者提供了更多选择和便利。同时，技术也促进了教育资源的均衡分配，有助于缩小教育差距。技术的更新换代对医疗健康领域产生了深远影响。远程医疗、智能诊断、基因编辑等技术的出现，提高了医疗服务的效率和质量，也为疾病的治疗和预防提供了新的可能。

（三）技术更新换代对经济的影响

技术的快速更新换代推动了产业的升级转型。传统产业通过引入新技术实现智能化、自动化生产，提高了生产效率和竞争力。同时，新兴技术也催生了新的产业和商业模式，如共享经济、平台经济等。技术创新是经济增长的重要动力。技术的更新换代带来了生产效率的提升和成本的降低，促进了经济的持续增长。同时，新技术也创造了新的市场需求和就业机会，为经济发展注入了新的活力。

技术的快速更新换代加剧了国际间的技术竞争。拥有先进技术的国家在国际竞争中占据优势地位，而技术落后的国家则可能面临被边缘化的风险。因此，各国都在加大科技研发投入，以期在技术创新和产业升级中抢占先机。

（四）技术更新换代的文化影响

技术的更新换代改变了文化的传播方式。互联网、社交媒体等技术的普及，使得文化信息的传播更加迅速、广泛。同时，数字技术也为文化遗产的保护和传承提供了新的手段。技术的更新换代促进了文化的创新与发展。新技术为文化创作提供了更多可能性和表现形式，如虚拟现实、增强现实等技术的应用，使得文化体验更加丰富和立体。同时，技术也促进了不同文化之间的交流与融合，有助于构建多元共融的文化格局。

二、初期投资成本高昂问题

在当今快速发展的科技与经济环境下，许多创新技术、绿色能源项目以及高效生产设备的引入都面临着初期投资成本高昂的问题。这不仅限制了这些技术和项目的普及与应用，也对企业的资金流和长期发展策略构成了挑战。

（一）初期投资成本高昂的原因

新技术、新产品的开发往往需要大量的研发投入，包括科研人员薪酬、实验设备购置、材料测试费用等。这些成本在初期尤为显著，因为技术尚未成熟，需要不断试错和优化。在初期阶段，由于生产规模较小，无法实现规模效应，导致单位产品成本较高。此外，生产线建设、设备购置等也需要大量资金投入。

新产品或技术进入市场时，往往面临着消费者认知度低、品牌知名度不高的问题。为了提升市场认知度和品牌形象，企业需要进行大量的市场推广和品牌建设活动，这些都需要高昂的成本。在某些领域，如环保、医疗等，新技术或产品需要满足严格的法规和标准要求。为了满足这些要求，企业需要进行额外的研发、测试和认证工作，增加了初期投资成本。

（二）初期投资成本高昂的影响

高昂的初期投资成本会给企业带来巨大的资金流压力。特别是对于中小企业而言，有限的资金可能无法支撑高昂的初期投资，从而影响企业的正常运营和长期发展。初期投资成本高昂限制了新技术、新产品的普及与应用。高昂的成本使得许多潜在用户望而却步，影响了技术的市场占有率和影响力。

高昂的初期投资成本可能导致市场竞争格局的变化。拥有雄厚资金实力的大企业可能更容易承受高昂的初期投资成本，从而在市场竞争中占据优势地位。而中小企业则可能因资金不足而无法参与竞争，甚至被淘汰出局。初期投资成本高昂还可能带来社会与经济效益的损失。一些具有重大社会与经济效益的新技术、新产品因资金问题无法普及和应用，从而无法实现其应有的价值。

(三) 应对策略

政府可以通过提供财政补贴、税收优惠等政策措施来降低企业的初期投资成本。这些政策措施可以为企业提供资金支持，减轻其资金流压力，促进新技术、新产品的普及与应用。企业可以通过多元化融资渠道来降低初期投资成本。除了传统的银行贷款、股权融资等方式外，还可以考虑众筹、政府引导基金、风险投资等新型融资方式。这些融资方式可以为企业提供更多的资金来源，降低单一融资渠道的风险。

企业可以通过与其他企业、研究机构或政府部门的合作与联盟来降低初期投资成本。通过共享资源、分担风险、共同研发等方式，企业可以降低研发成本、生产成本和市场推广成本，提高整体竞争力。企业可以将项目或技术实施分为多个阶段，逐步实现目标。在初期阶段，可以先进行小规模试点或示范项目，通过验证技术和市场可行性后再逐步扩大规模。这种方式可以降低初期投资成本，减少风险。

企业可以通过优化资源配置来降低初期投资成本。例如，通过提高生产效率、降低原材料消耗、优化供应链管理等方式来降低生产成本；通过精准定位目标市场、提高营销效率等方式来降低市场推广成本。企业可以通过技术创新与升级来降低初期投资成本。例如，通过引入更先进的生产技术、设备或材料来降低生产成本；通过开发更智能、更高效的软件系统来降低管理成本等。这些技术创新与升级不仅可以降低初期投资成本，还可以提高企业的竞争力和市场地位。

三、用户接受度与行为改变难题

在科技日新月异的今天，新产品、新服务、新技术层出不穷，但它们的成功并不总是水到渠成。用户接受度与行为改变，成了这些创新能否真正落地、产生广泛影响的关键。用户接受度，即用户对新产品或服务的接纳程度；而行为改变，则是指用户因新产品或服务而调整其日常行为或习惯的过程。

这两者之间相辅相成，却又充满了挑战。

（一）用户接受度与行为改变的难题

新产品或服务往往伴随着新的概念、技术和使用方式，这对于用户来说可能是一个陌生的领域。用户需要时间去理解、消化这些信息，并评估其对自己的价值。在这个过程中，认知障碍成了一个显著的难题，它阻碍了用户对新事物的接受。即使用户理解了新产品或服务的基本概念，实际使用过程中可能仍会遇到各种困难。复杂的操作界面、不直观的使用流程、缺乏必要的指导或支持，都可能导致用户放弃使用。

人们往往习惯于自己熟悉的事物，对于改变持有天然的抵触情绪。这种习惯惰性使得用户即使认识到新产品或服务的优势，也可能因为不愿改变现有习惯而拒绝接受。新产品或服务在初入市场时，往往缺乏足够的用户反馈和口碑积累。用户对于未知的事物存在疑虑，担心其安全性、可靠性或性价比，从而影响了接受度。用户的行为往往受到周围人群的影响。如果新产品或服务在用户的社交圈内没有得到广泛认可，或者甚至存在负面评价，那么用户可能会因为从众心理而拒绝接受。

（二）影响用户接受度与行为改变的因素

新产品或服务必须满足用户的实际需求，这是其被接受的基础。如果产品或服务无法解决用户的痛点或提升用户体验，那么即使再新颖、再先进也难以获得用户的青睐。良好的用户体验是提升用户接受度的关键。这包括产品的易用性、界面的友好性、服务的响应速度等。用户体验的好坏直接影响着用户是否愿意继续使用并推荐给他人。品牌信誉是用户选择产品或服务时的重要考量因素。知名品牌往往更容易获得用户的信任，而新品牌则需要通过品质保证、用户评价等方式来逐步建立信誉。

社会趋势和用户群体的心理预期也会影响用户的接受度。例如，随着环保意识的提高，绿色、可持续的产品或服务更容易被用户接受。有效的营销策略可以提高新产品或服务的知名度和吸引力，从而促进用户接受。这包括广告宣传、促销活动、口碑营销等多种方式。

（三）提升用户接受度与促进行为改变的策略

（1）深入了解用户需求：通过市场调研、用户访谈等方式深入了解用户的真实需求和痛点，确保产品或服务能够切实解决用户的问题。

（2）优化用户体验：注重产品的易用性和界面的友好性，降低使用难度。提供清晰的使用指南和客服支持，确保用户在使用过程中能够得到及时的帮助。

（3）建立品牌信誉：通过高品质的产品和服务来赢得用户的信任和好评。积极回应用户的反馈和投诉，不断改进和优化产品。

（4）引导社会趋势：通过媒体宣传、公益活动等方式来引导社会趋势，提升用户对新产品或服务的认知和接受度。同时，关注用户群体的心理预期和变化，及时调整产品或服务的定位和推广策略。

（5）创新营销策略：运用多元化的营销手段来吸引用户的注意力。例如，利用社交媒体进行口碑营销，通过线上线下结合的方式来扩大影响力。同时，注重与用户的互动和沟通，建立情感连接，提高用户的忠诚度和推荐意愿。

（6）教育用户：通过举办讲座、培训、体验活动等方式来教育用户，让他们更好地了解新产品或服务的特点和优势。这不仅可以提高用户的认知度，还可以激发他们的使用兴趣。

（7）逐步引导行为改变：不要期望用户一下子就能完全改变原有的行为习惯。可以通过逐步引导的方式，先让用户尝试使用新产品或服务的一部分功能，再逐渐扩展到全部功能。同时，给予用户足够的激励和反馈，让他们感受到改变带来的好处。

（8）建立用户社区：建立用户社区或论坛，让用户之间可以互相交流使用心得和体验。这不仅可以增强用户的归属感和参与感，还可以通过用户的口碑传播来吸引更多的新用户。

第四节 建筑电气节能技术的发展趋势

一、智能化与自动化技术的融合

在当今科技日新月异的时代，智能化与自动化技术正以前所未有的速度融合发展，成为推动产业升级、提高生产效率、优化资源配置的关键力量。这一融合不仅深刻改变了传统制造业的面貌，还催生了新的产业形态和商业模式，为全球经济注入了新的活力。

（一）智能化与自动化技术的融合趋势

智能化与自动化技术的融合，是科技进步和产业升级的必然结果。随着计算机、传感器、人工智能、大数据、云计算等技术的快速发展，自动化生产线已经能够实现高度精确地控制和监控，而智能化技术则赋予这些生产线以自我学习、自我优化和自我决策的能力。

自动化技术起源于20世纪中期，最初是通过机械、电气等物理手段实现固定程序的重复操作。随着计算机技术的兴起，可编程逻辑控制器(PLC)等设备的出现，使得自动化系统开始具备一定程度的灵活性和可编程性。近年来，随着物联网、机器人技术的快速发展，自动化生产线已经能够实现高度灵活、高效、精准的生产。

智能化技术则是在自动化技术的基础上，融入了人工智能、大数据分析、物联网等技术。这些技术使得生产线不仅能够自动执行生产任务，还能够根据实时数据进行自我调整和优化，甚至能够预测和预防潜在问题。例如，通过机器学习算法分析生产数据，可以自动调整生产参数，优化生产流程，提高生产效率。智能化与自动化技术的融合，是科技进步和产业升级的必然结果。随着技术的不断进步和成本的降低，智能化和自动化技术的融合将越来越深入，推动制造业向更高层次的智能化迈进。这一融合不仅能够提高生产效率、降低成本、提高产品质量，还能够推动制造业向服务化、个性化、定制化方向发展。

(二)智能化与自动化技术融合的影响

智能化与自动化技术的融合,对全球工业生态产生了深远的影响。这些影响体现在多个方面,包括但不限于生产效率、产品质量、创新能力、就业结构等。

智能化与自动化技术的融合,使得生产线能够实现高度自动化和智能化。这不仅减少了人工干预和等待时间,还提高了生产线的稳定性和一致性,从而大幅提高了生产效率。例如,在汽车制造业中,智能化和自动化技术的融合使得生产线能够实现24小时不间断工作,大大提高了生产速度和效率。智能化技术通过精确控制和实时监测,能够确保生产过程的稳定性和一致性,从而提高产品质量。例如,在锂电池电池模块生产线中,智能化和自动化技术的融合使得生产线能够实现电芯的精准定位和高效操作,同时通过自动化检测设备对电芯和电池模块进行质量检测和性能测试,确保每个电芯和电池模块都经过严格的质量检测。

智能化与自动化技术的融合,为制造业提供了更强大的创新能力。通过大数据分析、机器学习等技术,企业可以深入挖掘生产数据中的价值,发现潜在的市场需求和产品改进方向。同时,智能化技术还使得生产线更加灵活和可配置,企业可以根据市场需求和产品特点快速调整生产计划和设备参数,实现快速响应和创新。智能化与自动化技术的融合,对就业结构产生了深远的影响。一方面,自动化设备和机器人的广泛应用使得传统生产线上的低技术工人面临失业风险;另一方面,智能化和自动化技术的融合也催生了新的就业机会,如数据分析师、机器人维护工程师、智能制造系统设计师等。这些新职位对技术和管理方面提出了更高的要求,需要劳动者具备更高的素养和技能。

二、新能源技术的广泛应用

随着全球对环境保护和能源安全的日益关注,新能源技术的广泛应用已成为推动经济社会可持续发展的关键力量。新能源技术，包括太阳能、风能、水能、生物质能、地热能以及氢能等，以其清洁、可再生的特性，正在逐步替代传统化石能源，引领一场能源革命。

（一）新能源技术概述

新能源技术是指能够替代传统化石能源，具有可持续性和环境友好性的能源技术。这些技术涵盖了太阳能、风能、水能、生物质能、地热能以及氢能等多个领域，它们共同构成了新能源技术的多元化体系。

（1）太阳能技术：包括太阳能光伏发电和太阳能热利用。光伏发电利用太阳能电池板将太阳能转化为电能，而太阳能热利用则通过集热器将太阳能转化为热能，用于供暖、热水等领域。

（2）风能技术：通过风力发电机组将风能转换为电能。风力发电具有清洁、可再生的特点，是新能源领域的重要组成部分。

（3）水能技术：包括传统的水力发电和海洋能利用。水力发电利用水流的动能驱动发电机发电，是一种清洁、可再生的能源。海洋能利用则包括潮汐能、波浪能等海洋能资源的开发利用。

（4）生物质能技术：利用生物质原料生产生物质燃料和生物质电力。生物质能具有可再生、低污染的特点，是农业废弃物和城市垃圾等资源化利用的重要途径。

（5）地热能技术：利用地壳内部的热能进行发电和供暖。地热能是一种清洁、可再生的能源，尤其在地热资源丰富的地区具有广阔的应用前景。

（6）氢能技术：通过氢的生产、储存和利用来实现能源的转换。氢能具有高热值、无污染的特点，是未来清洁能源的重要方向。

（二）新能源技术的广泛应用

新能源技术的广泛应用已经渗透到经济社会的各个领域，为可持续发展提供了强大的动力。

（1）电力行业：新能源技术在电力行业的应用最为广泛。太阳能光伏发电和风力发电已经成为全球范围内增长最快的电力来源之一。我国太阳能和风能装机容量位居世界首位，新能源发电在电力结构中的占比不断提升。此外，水能发电和地热能发电也在电力行业中发挥着重要作用。

（2）交通运输业：新能源技术在交通运输业的应用主要体现在电动汽车、氢燃料电池汽车等新能源交通工具的推广上。随着新能源汽车技术的不断进步和成本的降低，新能源交通工具的市场份额正在快速增长。例如，我国新能源汽车销量连续多年位居全球首位。

（3）建筑行业：新能源技术在建筑行业的应用主要体现在太阳能热水器、太阳能光伏板、地热能等技术为建筑物提供热水、供暖和供电上。这些技术不仅提高了建筑物的能源利用效率，还减少了对传统能源的依赖和碳排放。

（4）农业领域：生物质能不仅可用于发电，还可以作为生物质肥料和生物质燃料，为农业提供清洁能源和有机肥料。此外，太阳能灌溉系统和风能提水系统也在农业领域得到了广泛应用，提高了农业生产的效率和可持续性。

（5）工业制造：新能源技术在工业制造领域的应用主要体现在风能和太阳能为工厂和制造业提供电力上。通过利用新能源技术，工业制造可以减少对化石能源的依赖，降低碳排放，提高能源利用效率。

（6）其他领域：新能源技术还在家用电器、照明行业、热力供应、航空航天以及信息技术和通信等领域得到了广泛应用。例如，太阳能照明系统被用于户外照明，减少了电力消耗；地热能供暖系统在北方地区得到了广泛应用，提高了供暖效率和可持续性。

（三）新能源技术广泛应用的影响

新能源技术的广泛应用对经济社会发展产生了深远影响，主要体现在以下几个方面：

（1）促进能源结构转型：新能源技术的广泛应用推动了能源结构的转型，减少了对传统化石能源的依赖，提高了清洁能源的比重。这有助于缓解能源供需矛盾，保障能源安全，降低碳排放，应对气候变化挑战。

（2）推动经济高质量发展：新能源技术的广泛应用带动了相关产业的发展，促进了就业增长和经济增长。同时，新能源技术的应用还提高了能源利用效率，降低了能源成本，为企业和消费者带来了实惠。

（3）改善生态环境：新能源技术的广泛应用有助于减少污染排放和温室气体排放，改善生态环境质量。通过利用清洁能源替代传统化石能源，可以减少空气污染、水污染和土壤污染等问题，保护生态环境和人类健康。

（4）提高能源利用效率：新能源技术的应用推动了能源利用方式的创新和提高。例如，智能电网、储能技术等新能源技术的应用可以实现对电力的精准控制和调度，提高能源利用效率和管理水平。

三、系统集成与优化配置的趋势

在信息技术快速发展的今天，系统集成与优化配置已成为推动企业数字化转型和智能化升级的重要力量。通过结构化的综合布线系统和计算机网络技术，系统集成将分散的设备、功能与信息整合至一个协调统一的系统，实现资源的高效共享和集中管理。

（一）系统集成与优化配置的现状

系统集成行业涵盖了硬件、软件、通信等多个领域，产业链包括上游的设备和技术供应商、中游的系统集成服务提供商以及下游的各行业最终用户。近年来，随着云计算、大数据、物联网、人工智能等先进技术的不断涌现和应用，系统集成行业正经历着深刻的技术变革。这些技术为系统集成提供了更多的创新空间和应用场景，使得系统集成更加智能化、高效化。

云计算、大数据、物联网、人工智能等先进技术的融合应用，使系统集成能够处理更复杂、更大量的数据，提高决策效率和服务质量。例如，通过云计算平台，系统集成可以实现资源的动态分配和按需服务，提高系统的灵活性和可扩展性。不同行业、不同规模的企业对系统集成服务的需求有所不同，因此需要提供个性化、定制化的解决方案。这要求系统集成企业具备强大的技术研发能力和项目管理能力，能够根据客户的实际需求提供量身定制的服务。

系统集成行业将与其他行业进行跨界融合和生态合作，共同推动数字化转型的发展。例如，与制造业、金融业、教育业等行业进行深度合作，共同打造数字化生态圈，实现资源共享和互利共赢。

（二）系统集成与优化配置的未来趋势

（1）智能化与自动化：人工智能技术的应用将使系统集成具备智能分析、预测和优化的能力，提高系统的自动化水平。通过自我学习和自我优化，系统集成能够更准确地识别和解决问题，提高服务质量和效率。

（2）标准化与模块化：为了提高系统集成的效率和质量，未来系统集成将更加注重标准化和模块化的发展。通过制定统一的标准和接口，实现不同系统之间的无缝对接，降低集成的复杂性和成本。同时，模块化设计也使得系统集成更加灵活和可扩展，便于后期的维护和升级。

（3）安全性与可靠性：随着网络攻击的不断增多，系统集成的安全性显得尤为重要。未来的系统集成将更加注重安全防护措施的整合，包括防火墙、入侵检测系统、数据加密等多种技术手段的应用，以确保系统的稳定运行和数据的安全。

（4）绿色与可持续：在环保和可持续发展成为全球共识的背景下，系统集成将更加注重绿色和可持续发展。通过优化能源使用策略、减少碳排放等措施，系统集成将为实现绿色经济和可持续发展做出贡献。

（三）系统集成与优化配置对企业和社会的影响

（1）推动企业数字化转型：系统集成通过整合各项技术与业务流程，促进企业内部各个系统的无缝连接，从而提高整体效率和竞争力。这有助于企业实现业务流程的优化和创新，适应快速发展的市场环境。

（2）促进产业升级和转型：系统集成与优化配置的应用将推动相关产业的升级和转型。通过提高能源利用效率、降低运营成本等措施，系统集成将促进传统产业的绿色化、智能化发展。

（3）提高社会整体效率：系统集成通过实现资源的高效共享和集中管理，有助于提高社会整体效率。例如，在智慧城市、智慧交通等领域，系统集成能够实现对城市资源的精准调度和优化配置，提高城市管理效率和服务质量。

（4）推动可持续发展：系统集成与优化配置的应用将有助于实现可持续发展目标。通过优化能源使用策略、减少碳排放等措施，系统集成将为保护环境和应对气候变化做出贡献。

第二章 光储直柔技术概述

第一节 "光"即光伏发电技术

一、光伏发电的基本原理

光伏发电是一种利用半导体界面的光生伏特效应将光能直接转变为电能的技术。这种技术的关键元件是太阳能电池,通过串联后进行封装保护,可以形成大面积的太阳电池组件,再配合功率控制器等部件,就构成了光伏发电装置。

(一)光伏发电的基本原理

光伏发电的基本原理是半导体的光电效应。当光子照射到半导体材料上时,其能量可以被半导体中的某个电子全部吸收。如果这个能量足够大,电子就能克服半导体内部的引力做功,离开半导体表面逃逸出来,成为光电子。这个过程中,光能转化为电能。光电效应是光伏发电的基础。当光线照射在太阳能电池上时,光在界面层被吸收,具有足够能量的光子能够在 P 型硅和 N 型硅中将电子从共价键中激发出来,产生电子—空穴对。界面层附近的电子和空穴在复合之前,会通过空间电荷的电场作用被相互分离。电子向带正电的 N 区移动,空穴向带负电的 P 区移动,从而在 P 区和 N 区之间产生一个向外的可测试的电压。

太阳能电池的核心是 P-N 结。硅原子有 4 个外层电子,如果在纯硅中掺入有 5 个外层电子的原子(如磷原子),就成为 N 型半导体;若在纯硅中掺入有 3 个外层电子的原子（如硼原子），则形成 P 型半导体。当 P 型和 N 型半导体结合在一起时，接触面就会形成电势差，这就是太阳能电池的基础。

当太阳光照射到 P-N 结后，空穴由 P 极区向 N 极区移动，电子由 N 极区向 P 极区移动，形成电流。这个过程中，光能转化为电能。太阳能电池实际上是一个半导体光电二极管，当太阳光照到光电二极管上时，光电二极管就会将太阳的光能变成电能，产生电流。

（二）光伏发电系统的组成

光伏发电系统主要由太阳能电池方阵、蓄电池组、充放电控制器、逆变器、交流配电柜、太阳跟踪控制系统等设备组成。太阳能电池方阵是光伏发电系统的核心部分，由多个太阳能电池组件串联或并联而成。太阳能电池组件是将光能转化为电能的基本单元，通常由多个太阳能电池单体封装而成。

蓄电池组用于储存太阳能电池方阵产生的电能，以便在光照不足或夜间供电。蓄电池组通常由多个蓄电池串联或并联而成，其容量和数量根据系统的需求而定。充放电控制器用于控制蓄电池组的充放电过程，防止蓄电池过充或过放，从而延长蓄电池的使用寿命。充放电控制器还可以根据光照强度和负载需求调节太阳能电池方阵的输出功率。

逆变器是将太阳能电池方阵产生的直流电转换为交流电的设备。由于大多数家用电器和电网都是使用交流电，因此逆变器是光伏发电系统中必不可少的设备。逆变器按输出波形可分为方波逆变器和正弦波逆变器，正弦波逆变器成本高但适用于各种负载。交流配电柜用于分配逆变器输出的交流电，以满足不同负载的需求。交流配电柜通常具有过载保护、短路保护等功能，确保系统的安全运行。太阳跟踪控制系统用于调整太阳能电池方阵的角度，使其始终对准太阳，从而最大限度地提高光能利用率。太阳跟踪控制系统通常包括传感器、控制器和执行机构等部分。

（三）光伏发电系统的分类

光伏发电系统根据应用方式和并网方式的不同，可以分为独立光伏发电系统、并网光伏发电系统和分布式光伏发电系统。

1. 独立光伏发电系统

独立光伏发电系统也称为离网光伏发电系统，主要由太阳能电池组件、控制器、蓄电池组成。若要为交流负载供电，还需要配置交流逆变器。独立光伏发电系统通常用于边远地区的村庄供电系统、太阳能户用电源系统、通信信号电源、阴极保护、太阳能路灯等可以独立运行的光伏发电系统。

2. 并网光伏发电系统

并网光伏发电系统是指太阳能组件产生的直流电经过并网逆变器转换成符合市电电网要求的交流电之后直接接入公共电网。并网光伏发电系统可以分为带蓄电池的和不带蓄电池的并网发电系统。带有蓄电池的并网发电系统具有可调度性，可以根据需要并入或退出电网，还具有备用电源的功能。不带蓄电池的并网发电系统不具备可调度性和备用电源的功能，一般安装在较大型的系统上。

集中式大型并网光伏电站通常是国家级电站，主要特点是将所发电能直接输送到电网，由电网统一调配向用户供电。但这种电站投资大、建设周期长、占地面积大，还没有太大发展。而分散式小型并网光伏，特别是光伏建筑一体化光伏发电，由于投资小、建设快、占地面积小、政策支持力度大等优点，是并网光伏发电的主流。

3. 分布式光伏发电系统

分布式光伏发电系统是指在用户现场或靠近用电现场配置较小的光伏发电供电系统，以满足特定用户的需求，支持现存配电网的经济运行，或者同时满足这两个方面的要求。分布式光伏发电系统遵循因地制宜、清洁高效、分散布局、就近利用的原则，充分利用当地太阳能资源，替代和减少化石能源消费。

分布式光伏发电系统的基本设备包括光伏电池组件、光伏方阵支架、直流汇流箱、直流配电柜、并网逆变器、交流配电柜等设备，另外还有供电系统监控装置和环境监测装置。其运行模式是在有太阳辐射的条件下，光伏发电系统的太阳能电池组件阵列将太阳能转换输出的电能，经过直流汇流箱集中送入直流配电柜，由并网逆变器逆变成交流电供给建筑自身负载，多余或不足的电力通过联接电网来调节。

（四）光伏发电的应用前景

随着全球能源需求的不断增长和环境保护意识的日益增强，光伏发电作为一种清洁、可再生的能源形式，具有广阔的发展前景。各国政府纷纷出台政策支持光伏发电产业的发展，推动光伏发电技术的创新和成本的降低。同时，随着光伏电池效率的不断提高和光伏发电系统智能化水平的提升，光伏发电的可靠性和经济性将得到进一步提升，为光伏发电的广泛应用奠定坚实基础。

二、光伏组件的类型与选择

光伏组件，也被称为太阳能电池板，是太阳能发电系统中最为关键的部件。它们通过转换太阳的光能为电能，为各种应用提供清洁能源。光伏组件的类型繁多，每种类型都有其独特的特性和适用场景。在选择光伏组件时，需要考虑多个因素，以确保系统的性能、可靠性和经济性。

（一）光伏组件的类型

单晶硅光伏组件采用单晶硅片加工而成，这些硅片是通过拉棒工艺从多晶硅块状材料中制造出来的（圆形硅棒）。单晶硅光伏组件的转换效率普遍较高，是高效光伏系统的首选。它们具有出色的稳定性和可靠性，适合在需要高效能的应用场景中使用。然而，单晶硅的生产过程相对复杂，成本也较高。

多晶硅光伏组件则采用多晶硅片加工而成，这些硅片是通过铸锭工艺从多晶硅块状材料中制造出来的（方形硅锭）。多晶硅光伏组件的生产过程相对便捷，成本较低，因此在大规模光伏电站中得到了广泛应用。尽管其转换效率略低于单晶硅光伏组件，但在性价比方面表现出色。

薄膜光伏组件使用薄膜材料（如非晶硅、铜铟镓硒等）作为光电转换材料。这些组件具有重量轻、柔性好、易于安装和维护等优点。它们适用于多种复杂地形和建筑表面，特别是在需要灵活性和轻量化的应用中表现出色。然而，薄膜光伏组件的转换效率相对较低，且长期稳定性有待进一步提高。

双面光伏组件能够同时利用正反两面的光照进行发电，从而显著提高整体发电量。这种组件适用于地面电站、屋顶和农业大棚等场景，可以充分利用太阳光的辐射能量。双面光伏组件在提高发电效率的同时，也对组件的封装材料和安装工艺提出了更高的要求。

根据光伏电池的类型，光伏组件还可分为 N 型组件和 P 型组件。N 型组件采用 N 型硅材料制造，具有优异的电子传输性能和较高的光电转换效率。随着技术的进步和成本的降低，N 型组件正逐渐成为市场主流。P 型组件则采用 P 型太阳能电池片组装而成，其转换效率相对较低，但成本也更为经济。

（二）光伏组件的选择

转换效率是衡量光伏组件性能的重要指标。高转换效率的组件能够产生更多的电能，从而降低系统成本并提高发电效率。在选择组件时，应根据具体应用场景和预算要求，权衡转换效率与成本之间的关系。光伏组件的可靠性和耐候性直接关系到系统的稳定性和使用寿命。应选择具有高品质、可靠性和耐久性的组件，以确保其能够长期稳定运行。在选择时，可以关注组件的制造商信誉、产品质量认证以及售后服务等方面。

成本是选择光伏组件时需要考虑的重要因素之一。在保证性能和质量的前提下，应选择性价比高的组件以降低系统成本。同时，还需要考虑组件的安装和维护成本，以及长期运营过程中的能耗和运维费用。安装位置和环境条件对光伏组件的选择具有重要影响。应根据当地的气候条件（如光照强度、温度范围、风速等）和地形条件（如地面平整度、建筑物结构等）来选择合适的组件类型和尺寸。此外，还需要考虑组件的重量和尺寸对安装和运输的影响。

系统配置和负载需求也是选择光伏组件时需要考虑的因素。应根据系统的总装机容量、输出电压和电流要求以及负载特性来选择合适的组件类型和数量。同时，还需要考虑组件的并联和串联方式以及系统的冗余设计等方面。

在选择光伏组件时，还应关注技术发展趋势和市场变化。随着技术的不断进步和成本的降低，新型高效的光伏组件不断涌现。选择具有未来发展潜力的组件可以确保系统的长期效益和竞争力。同时，还需要关注光伏行业的最新动态和政策法规变化，以便及时调整选择策略。

三、光伏系统的效率提升技术

光伏系统的效率提升技术是推动太阳能发电行业发展的关键。随着全球对可再生能源需求的不断增长，提高光伏系统的效率成为行业研究的重点。

（一）光伏组件技术的创新

1. 高效光伏组件的研发

高效光伏组件的研发是提高光伏系统效率的重要途径。近年来，随着材料科学和半导体技术的不断进步，光伏组件的转换效率得到了显著提升。例如，双面发电组件、多结组件以及钙钛矿/硅叠层太阳能电池等新型高效组件的出现，极大地提高了光伏系统的发电能力。

双面发电组件能够同时利用正反两面的光照进行发电，从而增加了发电量。多结组件则通过结合不同带隙的材料，实现对太阳光谱更宽范围的吸收，提高了转换效率。而钙钛矿/硅叠层太阳能电池更是突破了单结太阳能电池的效率极限，将转换效率提升至接近34%的新高度。

2. 组件封装技术的改进

组件封装技术的改进也是提高光伏系统效率的关键因素。优质的封装材料和技术能够保护光伏电池免受外界环境的侵蚀，延长使用寿命，同时减少光损失和热损失，提高发电效率。

目前，行业内普遍采用高透光率、低反射率的玻璃作为封装材料，同时采用高性能的EVA胶膜或POE胶膜作为封装胶膜，以提高组件的耐候性和稳定性。此外，还有一些企业正在研发新型封装技术，如激光封装、超声波封装等，以进一步提高封装效率和可靠性。

(二)光伏系统设计与优化

1. 智能化设计

智能化设计是提高光伏系统效率的重要手段。通过采用先进的智能跟踪系统、智能运维系统和大数据分析技术,可以实现对光伏系统的实时监控和优化调整,提高发电效率和运维效率。

智能跟踪系统能够根据太阳的位置和角度自动调整光伏组件的角度,确保光伏组件始终保持在最佳发电状态。智能运维系统则能够实时监测光伏系统的运行状态,及时发现并处理故障,提高系统的可靠性和稳定性。而大数据分析技术则能够对光伏系统的发电数据进行深入挖掘和分析,为系统优化提供科学依据。

2. 系统集成与优化

系统集成与优化也是提高光伏系统效率的重要途径。通过将光伏组件、逆变器、储能设备等关键部件进行集成和优化设计,可以实现系统的最佳匹配和高效运行。

例如,采用高效率的逆变器可以将光伏组件产生的直流电高效转换为交流电,减少能量损失。而储能设备则可以在光照不足或电网故障时提供电力支持,保证系统的连续供电能力。此外,还可以通过优化系统的布局和布线设计,减少光损失和线路损耗,提高系统的整体效率。

(三)运维与管理的提升

1. 定期维护与检修

定期维护与检修是保证光伏系统长期稳定运行和高效发电的重要措施。通过定期对光伏组件、逆变器、电缆等关键部件进行检查和清洁,可以及时发现并处理潜在故障,延长使用寿命,提高发电效率。

同时,还可以对光伏系统的运行状态进行定期监测和分析,根据数据结果对系统进行优化调整。例如,可以根据光照强度、温度等环境因素的变化调整光伏组件的角度和倾斜度,以提高发电效率。

2.智能化运维平台的应用

智能化运维平台的应用可以实现对光伏系统的远程监控和智能化管理。通过安装传感器和采集设备,可以实时监测光伏系统的运行状态和发电数据,并将数据传输至云端服务器进行分析和处理。

运维人员可以通过手机或电脑等终端设备远程查看光伏系统的运行情况和报警信息,及时响应并处理故障。同时,智能化运维平台还可以提供数据分析报告和优化建议,帮助运维人员更好地了解系统的运行状态并进行优化调整。

(四)政策支持与市场环境

政府政策的支持和激励是推动光伏系统效率提升的重要因素。通过出台财政补贴、税收优惠、融资支持等政策措施,可以降低光伏系统的建设和运营成本,提高投资者的积极性,推动光伏产业的快速发展。同时,政府还可以加强对光伏技术研发和创新的支持力度,鼓励企业加大研发投入,推动光伏技术的不断进步和升级。此外,还可以通过制定行业标准和技术规范等手段,规范市场秩序,提高光伏系统的质量和效率。

市场环境的变化也为光伏系统效率提升带来了机遇。随着全球对可再生能源需求的不断增长和技术的不断进步,光伏系统的成本逐渐降低,效率不断提高,市场竞争力不断增强。同时,随着智能电网、储能技术、电动汽车等新兴技术的快速发展和应用,光伏系统也面临着更多的应用场景和市场机遇。例如,可以将光伏系统与智能电网相结合,实现能源的优化配置和高效利用;可以将光伏系统与储能设备相结合,提高系统的连续供电能力和稳定性;还可以将光伏系统与电动汽车相结合,为电动汽车提供清洁的电力支持。

第二节 "储"即储能技术

一、储能技术的分类与特点

储能技术是将能量储存起来并在需要时释放出来的技术,对于平衡能源供需、提高能源利用效率、保障电网稳定运行等方面具有重要意义。随着科技的不断进步和能源需求的日益增长,储能技术得到了广泛的关注和研究。

(一)储能技术的分类

储能技术可以按照不同的分类方式进行划分,常见的分类方式包括按储存介质分类、按应用场景分类以及按储能时间分类等。

1. 按储存介质分类

(1)机械储能:机械储能是将其他形式的能量转换为机械能进行储存的技术。主要包括抽水蓄能、压缩空气储能、飞轮储能和重力储能等。

抽水蓄能是目前应用最广泛、技术最成熟的机械储能方式。它利用电网低谷时的多余电能将水从低处抽到高处的水库储存起来,当电网需要时再将水放下来发电。抽水蓄能具有容量大、循环效率高、寿命长等优点,但受地理条件限制,且建设成本较高。

压缩空气储能利用过剩电力将空气压缩并储存在地下洞穴或储气罐中,当需要时再将压缩空气释放出来驱动燃气轮机发电。这种技术具有容量大、成本低、场地限制少等优点,但能源转换效率较低,且需要燃气轮机配合。

飞轮储能利用电动机将飞轮加速到高速旋转状态,将电能转换为机械能储存起来。当需要能量时,飞轮减速带动发电机发电。飞轮储能具有响应速度快、功率密度大、寿命长等优点,但制造成本高,能量存储时间短。

重力储能通过提升重物增加其势能来储存能量,当需要时再将重物放下释放能量。这种技术具有成本低、存储时间和寿命长、场地适应性强等优点,但目前技术尚未成熟,装机容量小,发电稳定性有待提高。

（2）电磁储能：电磁储能是将能量以电磁场的形式储存起来的技术。主要包括超级电容器储能和超导储能等。

超级电容器利用双电层原理储存电荷，具有充放电速度快、效率高、寿命长等优点。但能量密度低，两端的电压有很大波动，多个超级电容器的均压也是一个难点。

超导储能利用超导材料制成的线圈储存磁场能量。这种技术具有效率高、响应速度快、存储时间长等优点，但超导材料成本高，且需要低温环境运行。

（3）电化学储能：电化学储能是通过化学反应将电能转换为化学能进行储存的技术。主要包括锂离子电池、铅酸电池、钠硫电池、液流电池等。

锂离子电池是目前应用最广泛的电化学储能技术。它具有能量密度高、循环寿命长、无污染等优点，但成本较高，且存在安全风险。铅酸电池是技术最成熟、成本最低的化学电源。但能量密度低，循环寿命短，且含有重金属污染。钠硫电池具有高能量密度、高效率等优点，但需要在高温下运行，且存在安全风险。液流电池通过电解液中的活性物质在电极上的氧化还原反应来储存和释放能量。具有能量密度高、可深度放电、循环寿命长等优点，但成本较高。

（4）热储能：热储能是将热能储存起来并在需要时释放出来的技术。主要包括显热储能、相变储能和热化学储能等。

显热储能利用材料的温度变化来储存热能。这种技术简单可靠，但能量密度低。相变储能利用材料在相变过程中吸收或释放的热量来储存热能。具有能量密度高、储热时间长等优点，但成本较高。热化学储能通过可逆的化学反应来储存和释放热能。具有能量密度高、储热时间长等优点，但目前技术尚不成熟。

（5）化学储能：化学储能是将电能转换为化学能进行储存的技术，除了上述的电化学储能外，还包括氢储能等。

氢储能通过电解水制氢将电能转化为氢气储存起来，再通过燃料电池等方式释放能量。具有清洁无污染、能量密度高等优点，但电解水效率和燃料电池效率有待提高。

2.按应用场景分类

储能技术还可以根据应用场景进行分类,如电力储能、交通储能、工业储能等。电力储能主要用于平衡电网供需、提高供电可靠性等;交通储能主要用于电动汽车、混合动力汽车等;工业储能则主要用于平衡工业负荷、提高能源利用效率等。

3.按储能时间分类

根据储能时间的长短,储能技术可以分为短时储能、中长时储能和长时储能。短时储能主要用于平衡电网瞬时波动、提高供电质量等;中长时储能则用于平衡日负荷变化、提高电网稳定性等;长时储能则主要用于平衡季节性负荷变化、提供备用电源等。

(二)储能技术的特点

储能技术能够将多余的能量储存起来并在需要时释放出来,从而提高了能源的利用效率。例如,抽水蓄能可以在电网低谷时储存电能,在高峰时释放电能,有效平衡了电网供需。储能技术具有灵活性强的特点,可以根据不同的应用场景和需求进行选择。例如,在电动汽车领域,锂离子电池因其高能量密度和长循环寿命而得到广泛应用;而在需要快速响应和释放大功率的场景中,飞轮储能则更具优势。

储能技术的安全性是保障其广泛应用的重要因素。不同的储能技术具有不同的安全风险,如锂离子电池存在热失控和短路等风险,需要采取有效的安全防护措施。因此,在储能技术的研发和应用过程中,必须重视安全性问题,确保系统的稳定运行。储能技术的经济性是影响其推广和应用的关键因素。不同的储能技术具有不同的成本构成和经济效益。例如,抽水蓄能虽然建设成本高,但运行成本低且寿命长,具有较好的经济性;而锂离子电池虽然成本较高,但因其高能量密度和长循环寿命而在电动汽车等领域得到广泛应用。因此,在选择储能技术时,需要综合考虑其成本效益和经济效益。

储能技术具有环保性的特点。与传统的化石能源相比,储能技术可以减少温室气体排放和环境污染。例如,氢储能通过电解水制氢和燃料电池发电等方式实现了清洁能源的储存和利用；而锂离子电池等电化学储能技术则因其无污染和可回收性而得到广泛关注。

二、储能电池的技术发展与选择

随着"双碳"目标的深入推进，储能电池技术作为保障能源供给安全、建设新型电力系统的关键要素，正迎来前所未有的发展机遇。储能电池不仅能够有效支撑新能源消纳和电力保供，还将在未来电力系统中发挥越来越重要的作用。

（一）储能电池的技术发展现状

锂离子电池是目前技术最成熟、应用最广泛的新型储能技术。它具有充放电速度快、综合效率高、技术实用性强、受限因素少等优点。在各类电化学储能技术中，锂电池储能在循环次数、能量密度、响应速度等方面均具有较大优势。然而，锂离子电池也存在安全性、低温性能差等缺点。目前，锂离子电池技术已实现规模化应用，以磷酸铁锂电池技术路线为主。钠离子电池作为一种新型二次化学电源，具有资源丰富、成本低廉、安全性高等优势。钠离子电池的原材料不存在资源约束问题，同时具备安全性、高低温性能以及大倍率充放电性能。然而，钠离子电池的能量密度相对较低，循环寿命较短，技术成熟度也有待提高。尽管如此，钠离子电池在大规模储能方面仍具有一定的应用潜力。

液流电池具有安全可靠、生命周期内性价比高、环境友好、循环寿命长等优点。液流电池的水基电解质特性可防止其燃烧和爆炸，安全性高。此外，液流电池的功率和容量是相互独立的，可通过增加储液罐的容量来扩大容量。然而，液流电池的能量密度较低，成本较高，维护需求也较高。目前，全钒液流电池是国内示范项目规模最大的电池技术，但整体技术成熟度仍有待提高。压缩空气储能是一种大容量、长寿命和高安全性的物理储能技术。它具有装机容量大、储能时间长、建设周期短、使用寿命长、清洁环保等优点。压缩空气储能对于促进大规模可再生能源并网、满足电力调峰需求的优势较为明显。然而，压缩空气储能的效率相对较低，且技术成熟度也有待提高。

飞轮储能具有瞬时响应、精确跟踪、双向出力等优点，在参与电网调频方面具有显著的技术优势。然而，飞轮储能的缺点是能量密度不够高，自放电率较高，且技术成熟度相对较低。目前，飞轮储能正处于广泛的实验阶段，小型样机已经研制成功并应用于示范工程项目。除了上述主流储能技术外，还有铅蓄电池储能、超级电容器储能、重力储能、氢储能等新型储能技术。这些技术各有优劣，适用于不同的应用场景。例如，铅蓄电池储能技术具有成本低、安全性高等优势，但能量密度较低；超级电容器储能具有功率密度大、充放电效率高、循环寿命长等特点，但能量密度较低；重力储能具有环境友好、布置灵活、安全度高、寿命长等优势，但技术成熟度较低。

（二）储能电池的未来发展趋势

未来，储能电池技术的发展将继续受到技术创新的驱动。锂离子电池、钠离子电池、固态电池等电化学储能技术将在能量密度、循环寿命、安全性能等方面得到显著提升。特别是固态电池技术，有望为储能产业带来颠覆性变革。此外，混合储能技术将得到广泛关注，如锂离子电池与铅酸电池、锂电池与超级电容等组合，以提高系统性能、降低成本。随着储能产业的快速发展，产业链布局将更加完善。从上游原材料、电芯制造，到下游系统集成、运营维护，将形成完整的产业链生态。这将有助于降低储能电池的成本，提高产业竞争力。

各国政府将继续加大对储能产业的政策支持力度，包括补贴、税收优惠、融资支持等。这些政策将推动储能电池技术的研发和应用，促进储能产业的快速发展。储能参与电力市场的规则将逐步完善，储能价值将得到充分体现。储能调峰、调频、备用等市场空间将进一步扩大，为储能电池技术的发展提供广阔的市场前景。

（三）选择储能电池的建议

在选择储能电池时，首先要考虑应用场景。不同的应用场景对储能电池的性能要求不同。例如，对于需要长时间供电的场合，应选择容量大、续航能力强的储能电池；对于需要快速响应的场合，应选择响应速度快、功率密度高的储能电池。技术成熟度是影响储能电池性能和可靠性的重要因素。在选择储能电池时，应优先选择技术成熟、性能稳定的产品。例如，锂离子电池是目前技术最成熟、应用最广泛的新型储能技术之一，具有较高的可靠性和稳定性。

成本经济性是选择储能电池时需要考虑的重要因素之一。在选择储能电池时，应综合考虑电池的成本、使用寿命、维护费用等因素，选择性价比高的产品。安全性和环保性也是选择储能电池时需要考虑的重要因素。应选择具有多重保护机制、安全性能高的储能电池产品，并确保其在使用过程中不会对环境造成污染。

三、储能系统的设计与配置原则

储能系统（Energy Storage System，以下简称 ESS）作为现代电力系统和能源管理的重要组成部分，其设计与配置涉及技术、经济、安全、环保等多个方面。一个高效、可靠、经济的储能系统不仅能够提高能源利用效率，还能增强电力系统的灵活性和稳定性。

（一）储能系统的基本组件

储能系统通常由以下几个基本组件构成：

（1）电池储能单元：电池是储能系统的核心组件，用于存储和释放电能。常见的电池类型包括锂离子电池、铅酸电池、钠硫电池等。

（2）电池管理系统：负责监测和管理电池的状态，包括电池的电压、电流、温度等参数。它还可用于实现均衡充放电、保护电池免受过充和过放等问题。

（3）直流/交流转换器：转换器用于将储能系统储存的直流电转换为交流电，以满足不同应用的电能需求。

（4）控制器和智能系统：控制器负责系统的整体管理和控制。智能系统可以基于实时数据和需求预测来优化充放电策略，提高能源利用效率。

（5）能量管理系统：通过优化能源的存储和释放，以满足电力系统需求，并在电力市场中获取最佳的经济效益。

（6）热管理系统：对于大容量电池的系统，热管理系统非常关键，确保电池工作在适宜的温度范围内，提高效率并延长寿命。

（7）安全系统和防护装置：包括过流保护、过压保护、过温保护等，确保储能系统在异常情况下能够安全运行。

（二）储能系统的设计与配置原则

储能系统的设计与配置应遵循以下原则，以确保系统的安全性、可靠性、经济性和环保性。

安全是储能系统设计的首要考虑因素。设计时应确保电气安全、防火安全、防雷安全等多个方面。在接入设计中，需要选择合适的储能设备、制定合理的电气布局、设置有效的保护措施，确保系统的安全运行。此外，还应考虑系统的防火设计、电池保护措施、系统过载保护、人员安全等方面的因素。储能系统的设计应具备灵活性，能够适应不同的电力系统和需求。同时，系统应该是可扩展的，以便在未来需求增加时能够进行升级。这包括选择合适的电池类型、设计合理的电路和控制逻辑，确保系统在未来能够适应新技术和新需求。

高效率是储能系统设计的关键要素，确保在储存和释放电能时能够最大程度地减少能量损失。高能量密度则有助于在有限的空间内存储更多的电能。因此，在设计时应考虑选择能量密度高、效率高的电池和转换设备。储能系统必须具备高度的可靠性和稳定性，以防范潜在的故障、事故或损坏。这包括系统的硬件和软件设计，以及各种防护措施的实施。例如，电池管理系统应能够实时监测电池的状态，并在出现异常时及时采取措施保护电池。

储能系统的设计要符合经济效益原则，包括初始投资、运行成本和维护成本。优化能量管理系统以获取最佳经济效益也是重要的设计考虑因素。在设计时，应进行经济分析，包括投资成本、运维费用、收益分析等，综合考虑系统的投资回收周期和预期收益。储能系统的设计应考虑到对环境的影响，选择可再生和环保的材料，以及采用可持续的生产和回收技术。例如，可以选择使用磷酸铁锂电池等环保材料，并设计合理的回收机制以减少对环境的负面影响。

设计过程应遵循相关的法规和标准，确保储能系统的安全性和性能符合规定的行业标准。这包括电气安全标准、消防安全标准、环保标准等。储能系统的设计要考虑电池的寿命和循环稳定性。这包括选择适当的电池类型、实施合理的充放电控制策略以延长电池寿命，并最小化电池在循环过程中的性能衰退。例如，电池管理系统应能够实现均衡充放电，防止电池过充和过放，从而延长电池的使用寿命。引入智能控制和优化算法，能够根据实时电力需求、电价、能源市场状况等因素，调整储能系统的运行策略，以提高系统的经济性和能效。例如，能量管理系统可以基于实时数据和需求预测来优化充放电策略，确保系统在最佳状态下运行。

根据具体应用场景，选择分布式或集中式的储能系统设计。分布式设计可在多个点上进行能量存储，提高系统的灵活性和鲁棒性；而集中式设计则有助于管理和维护。例如，在微电网支持场景中，可以采用分布式储能系统以提高系统的灵活性和可靠性。实施可视化监控系统，允许对储能系统的实时性能进行监测，并且具备远程控制功能，以方便远程管理和维护。这有助于运维人员实时了解系统的运行状态，及时发现并处理潜在问题。

对于涉及电池的储能系统，实施有效的热管理和温控设计，以维持电池在适宜的温度范围内，提高系统的效率和安全性。例如，可以采用热管理系统对电池组进行温度控制，防止电池过热或过冷。考虑储能系统与多能源系统的集成，如与可再生能源（太阳能、风能等）和传统电力系统的结合，以提高能源利用效率和整体系统的稳定性。例如，可以将储能系统与太阳能光伏系统相结合，实现太阳能的储存和调节利用。

根据用电负载的特点，实施智能容量规划，使储能系统的容量能够满足实际需求，避免过度或不足。这有助于提高系统的经济性和能效。设计储能系统时，考虑到技术的快速发展，要具备易于升级和维护的特性，确保系统在未来能够适应新技术和新需求。例如，可以设计模块化的储能系统结构，方便后续的技术升级和设备更换。

（三）储能系统的应用场景与配置原则

储能系统的设计与配置还需考虑具体的应用场景。不同的应用场景对储能系统的性能要求有所不同。

家庭储能系统的设计需要考虑家庭的能源需求、用电负载分析、负载类型划分和高峰用电时段。系统应具备优化家庭用电模式、减少电费支出、提供离网供电的能力。设计时需选择合适的电池类型、逆变器容量和电池组容量，并确保系统的安全性和可靠性。工商业储能系统的设计需考虑用户的用电类型、电价政策、负荷曲线等因素。系统应具备峰谷差价套利、提高供电可靠性、参与电力市场交易等功能。设计时需根据用户的实际用电情况和需求确定储能系统的容量和配置方案，并确保系统的经济性和可靠性。

在电力系统中，储能系统可用于调峰调频以平衡供需关系、提高系统运行稳定性。设计时需根据电力系统的负荷峰谷差、调频需求等因素确定储能系统的容量和配置方案，并确保系统的响应速度和准确性。在微电网中，储能系统可用于提高能源利用效率、增强系统稳定性和可靠性。设计时需考虑微电网的负荷特点、可再生能源发电情况等因素确定储能系统的容量和配置方案，并确保系统的灵活性和可扩展性。

四、储能技术在建筑电气中的关键作用

随着科技的进步和全球能源结构的转型，建筑电气系统正面临前所未有的挑战和机遇。作为现代建筑的"心脏"，电气系统不仅负责电力的供应和分配，还承担着提高能源利用效率、降低运行成本、增强系统稳定性和可靠性的重要使命。在这一背景下，储能技术在建筑电气中的关键作用日益凸显。

（一）建筑电气系统面临的挑战

现代建筑电气系统正面临多重挑战，包括能源供应的不稳定性、电力需求的波动性、电网负荷高峰期的电力短缺问题，以及能源利用效率低等问题。这些挑战不仅影响到建筑的正常运营，还可能对环境和经济产生负面影响。因此，寻找有效的解决方案变得尤为重要。

(二)储能技术概述

储能技术是指通过介质或设备将能量存储起来,在需要时再释放的过程。按照能量储存方式,储能可分为物理储能、化学储能和电磁储能。其中,物理储能包括抽水蓄能、压缩空气储能、飞轮储能等;化学储能包括铅酸电池、锂离子电池、钠硫电池、液流电池等;电磁储能则包括超级电容器储能、超导储能等。

(三)储能技术在建筑电气中的关键作用

在建筑电气系统中,储能技术可以作为一种"缓冲器",在电力需求高峰期或电网故障时提供稳定的电力供应。例如,在太阳能光伏发电系统中,储能装置可以在光照不足或电网故障时释放储存的电能,确保建筑内的关键设施如照明、电梯、消防系统等正常运行。通过储能技术,建筑电气系统可以更有效地管理电力需求。例如,在电力需求低谷时期,利用电网剩余电能将电能储存起来;在电力需求高峰时期,释放储存的电能以减轻电网负荷。这种"削峰填谷"的策略不仅有助于降低电费支出,还能减少对传统电网的依赖,提高能源利用效率。

储能技术可以增强建筑电气系统的灵活性和可靠性。通过储能装置,系统可以在不同时间段内灵活调整电力供应,以适应变化的电力需求。同时,在电网故障或停电的情况下,储能装置可以作为备用电源,确保建筑内的关键设施继续运行,提高系统的可靠性。随着可再生能源的快速发展,越来越多的建筑开始采用分布式能源系统,如太阳能光伏发电、风力发电等。然而,这些分布式能源具有间歇性和不稳定性的特点,对电网的稳定运行构成挑战。储能技术可以作为一种"调节器",在分布式能源发电不足或过剩时储存或释放电能,确保电网的稳定运行。

能源互联网是未来能源系统的重要发展方向,它通过将各种能源形式(如电能、热能、冷能等)和能源载体(如天然气、电力等)进行集成和优化,实现能源的协同管理和高效利用。储能技术在能源互联网中扮演着重要角色,它可以将多余的能源储存起来,在需要时再释放,实现能源的灵活调度和优化利用。

储能技术可以提高建筑电气系统的能源利用效率。通过储能装置，系统可以在电力需求低谷时期储存低价的电能，在电力需求高峰时期释放高价的电能，实现电力的"时间转移"。此外，储能技术还可以将多余的能源转化为其他形式的能源进行储存和利用，如热能、冷能等，进一步提高能源利用效率。

（四）储能技术在建筑电气中的实际应用

在家庭住宅中，储能技术可以应用于太阳能光伏发电系统。通过在屋顶安装太阳能光伏板，将阳光转化为电能并储存在储能装置中。在光照不足或电网故障时，储能装置可以释放储存的电能，确保家庭住宅内的照明、空调、冰箱等设备正常运行。此外，储能技术还可以实现家庭住宅的电力自给自足，降低对外部电网的依赖。在商业建筑中，储能技术可以应用于大型中央空调系统、照明系统、电梯系统等。通过储能装置，系统可以在电力需求低谷时期储存低价的电能，在电力需求高峰时期释放高价的电能，实现电力的"时间转移"。此外，储能技术还可以提高商业建筑的能源利用效率，降低运营成本。

在公共设施如学校、医院等场所，储能技术可以应用于应急照明系统、消防系统等关键设施。在电网故障或停电的情况下，储能装置可以作为备用电源，确保这些关键设施的正常运行。同时，储能技术还可以提高公共设施的能源利用效率，降低运营成本。在工业园区中，储能技术可以应用于企业的生产活动中。通过储能装置，企业可以在电力需求低谷时期储存低价的电能，在电力需求高峰时期释放高价的电能，实现电力的"时间转移"。此外，储能技术还可以帮助企业实现电力的自给自足，降低对外部电网的依赖。同时，在电网故障或停电的情况下，储能装置可以作为备用电源，确保企业的生产活动不受影响。

第三节 "直"即直流配电技术

一、直流配电技术的优势分析

在能源转型和电力电子技术的快速发展背景下，直流配电技术逐渐崭露头角，成为电力领域的研究和应用热点。相较于传统的交流配电技术，直流配电技术展现出了多方面的优势，这些优势不仅体现在技术层面，还包括经济、环保和社会效益等多个维度。

（一）技术层面的优势

直流配电系统在电能传输过程中，由于不存在趋肤效应（即电流在导体表面集中流动的现象），因此线路的损耗相对较小。此外，直流配电系统不需要进行无功功率的输送和补偿，这进一步减少了能量损失。根据现有技术，直流变换器的效率可以达到99%以上，这意味着在电能转换过程中，能量损失被降到了极低水平。直流配电系统不受频率波动的影响，这使得系统在运行过程中更加稳定。相比之下，交流配电系统需要同时考虑电压、频率和相位等多个参数，任何一个参数的波动都可能影响系统的稳定性。而直流配电系统只需控制电压幅值，大大简化了系统的稳定性控制。

直流配电系统在扩容方面表现出更高的灵活性。随着电力需求的增长，直流配电系统可以较为容易地增加额外的线路和设备，而不需要对整个系统进行大规模的改造。此外，直流配电系统具有更快的响应速度，能够在短时间内检测和隔离故障，确保系统其他部分的正常运行。直流配电系统在接入分布式能源方面表现出显著优势。风力发电、微型燃气轮机发电等交流电源发电要接入交流电网，需要经过复杂的同步过程，并受到频率、幅值、相位等条件的约束。而直流配电系统可以通过交流—直流变换，无需同步即可接入这些分布式能源。光伏发电、蓄电池等直流电源则可以直接通过直流—直流变换与直流母线连接，大大降低了分布式能源接入的难度。

直流配电系统可以有效解决交流接入时发生的电压闪变、频率波动、高次谐波污染等问题。此外，直流配电系统能够独立控制系统有功功率和无功功率，隔离交流电网故障，并在电网故障时通过接入储能装置保证对重要负荷的供电可靠性。

（二）经济层面的优势

直流配电系统由于传输效率高、线路损耗小，因此在相同传输功率下，所需的线路走廊宽度可以更小，从而节省了土地资源。同时，直流线路所需的导线截面积相对较小，这进一步降低了线路材料的成本。

直流配电系统在建设和运维方面也具有成本优势。由于系统结构简单、维护方便，直流配电系统的建设和运维成本相对较低。此外，直流配电系统不需要进行无功功率的输送和补偿，这减少了相关设备的投资和运维成本。直流配电系统通过减少线路损耗、提高电能质量和供电可靠性等方式，显著提高了能源利用效率。这不仅有助于降低用户的电费支出，还有助于减少能源浪费和环境污染。

（三）环保和社会层面的优势

直流配电系统为可再生能源的接入提供了便利条件。由于直流配电系统不需要进行复杂的同步过程，因此可以更容易地接入光伏发电、风力发电等可再生能源。这有助于推动可再生能源的普及和利用，减少对传统化石能源的依赖，降低温室气体排放。直流配电系统在电动汽车和智能电网的发展中也发挥着重要作用。电动汽车的充电系统通常采用直流充电方式，这要求电网具备直流配电能力。此外，智能电网需要实现电能的双向流动和智能调度，直流配电系统为此提供了技术支持。通过直流配电系统，电动汽车和智能电网可以更加高效地利用电能，降低运行成本和环境影响。

直流配电技术的推广和应用将推动电力电子技术的快速发展。随着直流配电技术的不断成熟和普及，对电力电子变换器、控制器等关键设备的需求将不断增加。这将促使相关企业在技术研发、产品创新和产业升级方面加大投入力度，推动电力电子技术的不断进步。

二、直流配电系统的结构与组成

直流配电系统是一种将直流电源分配给各种直流负载的系统，广泛应用于通信、数据中心、工业控制、交通等领域。其结构与组成相对复杂，涉及多个关键组件和子系统。

（一）直流配电系统的基本结构

直流配电系统通常由以下几部分组成：直流电源、直流配电屏、蓄电池组、直流变换器、监控系统、馈线屏、辅助设备。这些部分通过电气方式连接，共同构成一个完整的直流配电系统。

（二）直流配电系统的各组成部分

1. 直流电源

直流电源是直流配电系统的核心部分，负责将交流电转换为直流电，为整个系统提供稳定的直流电能。直流电源通常由整流器、滤波器和稳压器组成。

整流器将交流电转换为直流电，是直流电源的核心组件。整流器可以采用半波整流、全波整流或桥式整流等方式，具体选择取决于应用需求和系统规模。滤波器用于滤除整流后直流电中的谐波成分，提高电能质量。滤波器通常采用电容、电感等元件组成，可以有效减少电压波动和噪声。稳压器用于稳定直流输出电压，确保其在一定范围内波动。稳压器通常采用反馈控制原理，根据输出电压的变化调整整流器的输出，以保持输出电压的稳定。

2. 直流配电屏

直流配电屏是直流配电系统的核心部分，负责将直流电源输出的直流电分配给各种直流负载。

输入单元用于连接直流电源和直流配电屏，将直流电源输出的直流电引入配电屏。输出单元用于连接直流负载和直流配电屏，将直流电分配给各种直流负载。输出单元通常包括多个分路开关和熔断器，用于保护负载和防止短路。监控单元用于监测直流配电屏的运行状态，包括电压、电流、温度等参数。监控单元通常与监控系统相连，可以实时显示和记录这些数据，为系统的维护和管理提供依据。

3. 蓄电池组

蓄电池组是直流配电系统的备用电源，用于在直流电源故障或停电时提供临时电能。蓄电池组通常由多个单体蓄电池串联或并联组成，以满足系统对电压和容量的需求。

单体蓄电池是蓄电池组的基本单元，通常采用铅酸电池、镍镉电池或锂离子电池等类型。单体蓄电池的性能直接影响蓄电池组的整体性能。单体蓄电池可以通过串联方式提高电压，通过并联方式提高容量。串联和并联的数量取决于系统对电压和容量的需求。

4. 直流变换器

直流变换器用于将直流电源的输出电压转换为负载所需的电压。直流变换器通常采用直流—直流变换器，通过调整占空比或频率等方式，实现输出电压的调节。

降压变换器将较高的直流电压转换为较低的直流电压，以满足负载的电压需求。升压变换器将较低的直流电压转换为较高的直流电压，以满足负载的电压需求。双向变换器既可以实现降压变换，也可以实现升压变换，适用于需要双向电能传输的场合。

5. 监控系统

监控系统是直流配电系统的管理和控制中心，负责监测系统的运行状态、故障报警和远程控制等功能。

数据采集单元用于采集系统的各种运行参数，如电压、电流、温度等。数据处理单元用于处理采集到的数据，进行故障判断、报警处理等功能。显示单元用于显示系统的运行状态、报警信息等，方便运维人员进行监控和管理。控制单元用于实现对系统的远程控制，如分路开关的合闸与分闸、充电机的启停等。

6. 馈线屏

馈线屏用于将直流配电屏输出的直流电分配给各种直流负载,通常包括多个分路开关和熔断器,用于保护负载和防止短路。馈线屏的结构与直流配电屏相似,但规模较小,适用于负载较为集中的场合。

7. 辅助设备

辅助设备是直流配电系统的重要组成部分,用于保障系统的正常运行和运维人员的安全。

冷却系统用于散热,防止系统过热导致设备损坏或火灾等事故。冷却系统可以采用风冷、水冷等方式,具体选择取决于系统规模和应用环境。

照明系统为运维人员提供照明,确保其在黑暗环境下能够正常工作。照明系统通常采用节能灯具,以降低能耗和运营成本。接地系统用于保障系统的接地安全,防止因接地不良导致的电击事故。接地系统通常采用铜排或扁钢等材料制成,与接地网相连。

(三)直流配电系统的典型应用

直流配电系统广泛应用于通信、数据中心、工业控制、交通等领域。

通信基站需要稳定的直流电源来供电通信设备,如基站控制器、无线发射器等。直流配电系统可以为这些设备提供可靠的直流电能,确保通信网络的正常运行。数据中心需要大量的直流电源来供电服务器、存储设备等。直流配电系统可以通过直流变换器将市电转换为直流电,为数据中心提供高效的电能供应。

工业控制系统需要稳定的直流电源来供电传感器、执行器等设备。直流配电系统可以为这些设备提供可靠的直流电能,确保工业生产的正常运行。电动汽车充电站需要为电动汽车提供直流快速充电服务。直流配电系统可以通过直流变换器将市电转换为直流电,为电动汽车提供高效的充电服务。

三、直流配电技术的标准与规范

直流配电技术作为电力系统中的重要组成部分,其标准与规范对于确保系统的安全、可靠和高效运行至关重要。

（一）设备要求

1. 设备的基本性能

直流配电设备应符合以下基本要求：

（1）额定电压和额定电流：设备的额定电压和额定电流应符合国家标准和相关行业标准，以确保设备在正常工况下的稳定运行。

（2）过流保护装置：设备的过流保护装置应灵敏、可靠，能够有效地切除短路故障，防止设备损坏和系统崩溃。

（3）故障保护功能：设备应具有防止过电压、欠电压、过载、短路等故障的保护功能，确保系统的安全运行。

（4）运行状态指示和故障报警：设备应具有运行状态指示和故障报警功能，方便运维人员及时了解设备的运行状态和故障信息，采取相应的处理措施。

2. 设备壳体要求

直流配电设备的壳体应符合以下要求：

（1）机械强度和刚度：壳体应具有足够的机械强度和刚度，能够承受正常运行时的振动和冲击，确保设备结构的完整性和稳定性。

（2）接地标志和接地装置：壳体应具有明显的接地标志和接地装置，确保设备的安全接地，防止触电事故的发生。

（二）配电系统要求

1. 系统组成

直流配电系统应包括以下组成部分：

（1）配电电源：提供稳定的直流电能。

（2）配电开关设备：用于控制直流电能的分配和切断。

（3）测量和计量仪表：用于监测和记录系统的运行参数，如电压、电流、功率等。

2. 系统设计

直流配电系统的设计应符合以下要求：

（1）负荷特性：应根据负荷的性质、用电容量、运行方式等因素进行设计，确保系统的供电质量和可靠性。

（2）线路截面和长度：应合理选择配电线路的截面和长度，减少线路压降和损耗，提高系统的传输效率。

（3）开关设备类型和规格：应合理选择配电开关设备的类型和规格，确保设备的可靠性和安全性。

（4）保护装置配置：应合理配置保护装置，如过流保护、短路保护、接地保护等，确保系统的安全可靠运行。

3. 线路要求

直流配电线路应采用铜芯或铝芯电缆，严禁使用裸线。电缆的截面应根据负荷电流的大小进行选择，并应满足线路压降的要求。线路的敷设应符合以下要求：

（1）敷设方式：应根据现场条件选择明敷或暗敷方式，确保线路的固定和支撑可靠，避免因重力或震动等原因对线路造成损伤。

（2）防护措施：应采取必要的防护措施，如穿管保护、防火隔离等，确保线路的安全运行。

（三）运行与维护

直流配电设备的安装位置应符合设计要求，便于操作和维护。设备之间的距离和排列应符合相关标准，确保系统的通风散热和检修空间。设备的接线应规范、整齐、清晰，便于识别和检修。接线端子应连接牢固，避免松动或接触不良等现象。

直流配电系统应配备监控系统，实时监测系统的运行状态和故障信息。监控系统应具有报警功能，当系统出现异常或故障时，能够及时发出报警信号，提醒运维人员采取相应的处理措施。应定期对直流配电系统进行检查和维护，包括设备的清洁、紧固、测试等。对于发现的问题和隐患，应及时进行处理和修复,确保系统的正常运行。

(四)相关标准与规范

直流配电技术涉及多个国家和行业标准,以下是其中一些重要的标准与规范:

1. 国家标准

GB/T 19826—2005《电力工程直流电源通用技术条件及安全要求》:该标准规定了直流电源柜的技术要求、试验方法、包装及贮运条件等,适用于直流配电系统的设计、制造和运行维护。

GB/T 33348—2016《高压直流输电用电压源换流器阀电气试验》:该标准规定了高压直流输电用电压源换流器阀的电气试验要求,适用于直流配电系统中相关设备的试验和检测。

2. 电力行业标准

DL/T 459—2000《电力系统直流电源柜订货技术条件》:该标准规定了直流电源柜的技术要求、试验方法、包装及贮运条件等,适用于直流配电设备的订货和验收。

DL/T 5044—2004《电力工程直流系统设计技术规程》:该标准规定了直流系统设计的基本原则、技术要求、计算方法和工程实例等,适用于直流配电系统的设计、计算和评价。

3. 企业标准

国家电网公司等企业也制定了一系列直流配电技术的企业标准,如《国家电网公司直流电源技术标准》等。这些标准结合电力工业发展需要,对直流系统设备的技术条件、订货、监造、出厂验收、现场验收、现场安装、试验方法等提出了具体规定。

(五)直流配电技术的最新进展

随着电力电子技术和智能电网的发展,直流配电技术也在不断创新和进步。

高效直流变换器是直流配电系统中的关键设备之一。近年来,随着电力电子器件和控制技术的发展，高效直流变换器的效率和功率密度不断提高，成本不断降低。这些进展使得直流配电系统更加高效、可靠和经济。

智能监控系统通过引入大数据、云计算、物联网等先进技术，实现了对直流配电系统的实时监测、故障预警和远程管理。智能监控系统可以提高系统的运行效率和管理水平，降低运维成本。分布式直流配电系统是一种新型的配电方式，它将直流电源和负载分散在多个节点上，通过直流网络进行电能分配和传输。分布式直流配电系统具有灵活性强、可靠性高、效率高等优点，适用于微电网、数据中心等场合。

四、直流配电技术在建筑中的应用前景

直流配电技术在建筑中的应用前景广阔，随着电力电子技术的发展和智能电网的推广，直流配电技术正逐渐成为建筑电力系统的重要组成部分。

（一）直流配电技术的技术特点

直流配电技术相较于传统的交流配电技术，具有以下几个显著的技术特点：

（1）高效节能：直流电在传输过程中不会产生无功功率损失，因此传输效率更高。直流配电系统省去了许多电能转换环节，减少了电能的损耗，提高了电能利用效率。

（2）安全可靠：直流电不会产生电磁辐射和电流漏电等问题，使用更加安全可靠。直流配电系统具备一定的故障穿越和保护能力，能够在一定程度上提高供电的可靠性。

（3）适应性强：直流电源可以适应各种不同的设备和场景，具有很强的适应性。直流配电系统能够灵活接入分布式能源和储能设备，实现能源的灵活调度和优化配置。

（4）易于控制：直流电在控制方面更加简单直接，可以通过调节电压和电流来实现对电力负荷的精确控制。这有助于提高建筑的能源管理水平和智能化水平。

（二）直流配电技术在建筑中的应用场景

直流配电技术在建筑中的应用场景非常广泛，涵盖了住宅、商业建筑、医院、学校等各类建筑物。

在智能家居系统中，直流配电技术可以实现家电设备的直流供电，减少电能转换过程中的损失，提高能源利用效率。同时，直流配电技术还可以与智能控制系统相结合，实现家电设备的智能控制和管理。数据中心是直流配电技术的重要应用领域之一。数据中心需要大量的电力供应来支持服务器的运行，而直流电在传输效率和供电可靠性方面具有优势。直流配电系统可以直接为服务器提供直流电源，减少电能转换过程中的损失，提高数据中心的能源利用效率。

在照明系统中，直流配电技术可以实现 LED 灯具的直流供电，提高照明效率和能源利用效率。同时，直流配电技术还可以与智能照明控制系统相结合，实现照明系统的智能控制和管理。空调系统是建筑中的耗能大户之一。直流配电技术可以为空调系统提供直流电源，减少电能转换过程中的损失，提高空调系统的能源利用效率。同时，直流配电技术还可以与智能控制系统相结合，实现空调系统的智能控制和管理。

在建筑中配置储能系统可以平衡电力供需、提高供电可靠性。直流配电技术可以方便地与储能系统相结合，实现储能设备的直流接入和充放电管理。

（三）直流配电技术在建筑中的优势

直流配电技术在建筑中具有诸多优势，这些优势主要体现在以下几个方面：

（1）提高能源利用效率：直流配电技术通过减少电能转换过程中的损失，提高了能源利用效率。这对于降低建筑能耗、实现节能减排目标具有重要意义。

（2）增强供电可靠性：直流配电系统具备一定的故障穿越和保护能力，能够在一定程度上提高供电的可靠性。这对于保障建筑内重要负荷的连续供电具有重要意义。

（3）促进分布式能源和储能设备的接入：直流配电技术可以方便地与分布式能源和储能设备相结合，实现能源的灵活调度和优化配置。这对于推动建筑能源转型、提高能源利用效率具有重要意义。

（4）提高智能化水平：直流配电技术可以与智能控制系统相结合，实现建筑电力系统的智能控制和管理。这有助于提高建筑的智能化水平，提升建筑的管理效率和服务质量。

第四节 "柔"即柔性用电技术

一、柔性用电技术的概念与原理

（一）柔性用电技术的概念

柔性用电技术，顾名思义，是一种能够灵活适应电力系统变化、优化电力资源配置的技术手段。它通过对电力系统中的用电环节进行智能化、自适应控制，实现电力负荷的动态平衡、电能质量的提升以及电力资源的高效利用。具体来说，柔性用电技术主要包括以下几个方面的内涵：

（1）灵活性：柔性用电技术能够根据不同的用电需求和环境变化，灵活调整电力负荷和供电方式，确保电力系统的稳定运行。

（2）智能化：通过先进的控制算法和信息技术，柔性用电技术能够实现电力系统的自动化运行和优化调度，提高电力系统的智能化水平。

（3）高效性：柔性用电技术能够减少电能传输和转换过程中的损失，提高电力资源的利用效率，降低用电成本。

（4）可靠性：柔性用电技术具备故障检测和快速恢复能力，能够在电力系统发生故障时迅速采取措施，保障用电安全。

（二）柔性用电技术的原理

柔性用电技术的原理主要基于电力电子技术、控制理论、信息技术等多个领域的先进技术。下面将分别介绍这些技术在柔性用电技术中的应用原理。

1. 电力电子技术

电力电子技术是柔性用电技术的核心之一。它通过对电力电子器件的控制，实现电能的高效转换和灵活控制。在柔性用电技术中，电力电子技术主要应用于以下几个方面：

（1）整流与逆变：整流器将交流电转换为直流电，逆变器将直流电转换为交流电。通过控制整流器和逆变器的工作状态，可以实现对电能质量的调节和电力负荷的动态平衡。

（2）变频调速：通过改变电机的供电频率，实现对电机转速的调节。这种技术可以广泛应用于风机、水泵等负载的节能控制中，提高电力资源的利用效率。

（3）有源电力滤波器：通过补偿电网中的谐波电流，提高电能质量，有源电力滤波器可以实时监测并补偿电网中的谐波电流，确保电力系统的稳定运行。

2. 控制理论

控制理论在柔性用电技术中发挥着重要作用。它通过对电力系统运行状态的监测和分析，实现对电力负荷的动态控制和优化调度。在柔性用电技术中，控制理论主要应用于以下几个方面：

（1）预测控制：基于历史数据和实时监测信息，对未来一段时间内的电力负荷进行预测，并提前采取相应的控制措施。这种技术可以提高电力系统的响应速度和稳定性。

（2）自适应控制：根据电力系统的实际运行状态和外部环境变化，自动调整控制策略。这种技术可以确保电力系统在复杂多变的环境中保持高效运行。

（3）鲁棒控制：考虑电力系统中的各种不确定性和干扰因素，设计具有鲁棒性的控制策略。这种技术可以提高电力系统的抗干扰能力和稳定性。

3. 信息技术

信息技术在柔性用电技术中扮演着重要角色。它通过实时监测和数据分析，为电力系统的优化调度和高效管理提供有力支持。在柔性用电技术中，信息技术主要应用于以下几个方面：

（1）数据采集与传输：通过传感器、智能电表等设备，实时采集电力系统的运行数据，并通过通信网络进行传输。这些数据为后续的分析和决策提供重要依据。

（2）数据分析与处理：利用大数据、云计算等技术手段，对采集到的数据进行处理和分析。通过挖掘数据中的有价值信息，为电力系统的优化调度提供决策支持。

（3）远程监控与管理：基于信息技术构建远程监控和管理系统，实现对电力系统的实时监测和远程控制。这种技术可以提高电力系统的管理效率和服务质量。

二、柔性用电技术的实现方式

柔性用电技术作为现代电力系统的重要组成部分，旨在通过智能化、自适应的手段，实现对电力负荷的动态平衡、电能质量的提升以及电力资源的高效利用。其实现方式涵盖了从发电侧到用电侧的各个环节，涉及电力电子技术、控制理论、信息技术等多个领域。

（一）发电侧的柔性用电技术

在发电侧，柔性用电技术主要通过可再生能源的并网控制和储能系统的优化调度来实现。

1. 可再生能源的并网控制

可再生能源如风电、太阳能等具有间歇性和不稳定性的特点，其并网运行对电力系统的稳定性提出了严峻挑战。柔性用电技术通过采用先进的控制算法和电力电子装置，实现对可再生能源发电的灵活控制和优化调度。

（1）风电并网控制：利用柔性直流输电技术或柔性交流输电技术，对风电场输出的电能进行质量调节和功率控制，确保风电的稳定并网运行。

（2）太阳能并网控制：通过光伏逆变器和储能系统的协同工作，实现对光伏发电量的灵活调节和并网控制，确保电网的稳定运行。

2. 储能系统的优化调度

储能系统在柔性用电技术中发挥着重要作用。它通过对电能的储存和释放，实现对电力负荷的动态平衡和电力资源的优化配置。

（1）电池储能系统：利用锂离子电池、钠硫电池等高性能电池储能系统，对电力系统的峰谷负荷进行调节，提高电网的稳定性和可靠性。

（2）抽水蓄能电站：通过抽水蓄能电站的灵活调度，实现对电力负荷的动态平衡和电力资源的优化配置。

（二）输电侧的柔性用电技术

在输电侧，柔性用电技术主要通过柔性直流输电技术和柔性交流输电技术来实现。

1. 柔性直流输电技术

柔性直流输电技术是一种新型的直流输电技术，具有控制灵活、扩展性好等优点。它通过对电压源换流器的控制，实现对电力潮流的灵活调节和电能质量的提升。

（1）换流站控制：通过极控、阀控以及子模块级控制实现各种功能，确保柔性直流输电系统的稳定运行。

（2）电能质量调节：利用柔性直流输电系统的动态无功功率支持能力，对交流系统的电压和频率进行调节，提高电能质量。

2. 柔性交流输电技术

柔性交流输电技术通过在交流线路中加入串联或并联的电力电子装备，实现对电力潮流的灵活调节和电能质量的提升。

（1）静止无功补偿器：通过快速调节无功功率，对电力系统的电压和频率进行稳定控制。

（2）统一潮流控制器：通过独立控制线路的有功与无功功率，实现对电力潮流的灵活调节和电网的稳定运行。

(三）配电侧的柔性用电技术

在配电侧，柔性用电技术主要通过智能配电网和分布式能源管理来实现。

1. 智能配电网

智能配电网通过集成先进的传感器、通信技术和控制算法，实现对电力负荷的动态监测和优化调度。

（1）负荷监测与管理：通过智能电表和传感器实时采集电力负荷数据，为电力系统的优化调度提供决策支持。

（2）故障检测与恢复：利用先进的控制算法和通信技术，实现对配电网故障的实时监测和快速恢复。

2. 分布式能源管理

分布式能源管理是指对分散式能源资源进行统一管理和调度的一种技术手段。柔性用电技术通过对分布式能源发电和储能设备的智能控制，实现能源的灵活调度和优化配置。

（1）微电网：利用微电网技术将分布式能源与负荷集成在一起，形成一个独立的电力系统，实现对电力负荷的动态平衡和能源的高效利用。

（2）虚拟电厂：通过聚合分布式能源资源，形成一个虚拟的电厂，参与电力市场的调度和交易，实现电力资源的优化配置。

（四）用电侧的柔性用电技术

在用电侧，柔性用电技术主要通过智能家居、智能楼宇和电动汽车充电站等应用来实现。

1. 智能家居

智能家居通过集成先进的传感器、通信技术和控制算法，实现对家电设备的智能控制和优化调度。

（1）智能家电控制：通过手机 APP 或智能音箱等设备，实现对家电设备的远程控制和定时开关。

（2）能源管理：利用智能电表和传感器实时采集家庭用电数据，为家庭能源管理提供决策支持。

2. 智能楼宇

智能楼宇通过集成先进的传感器、通信技术和控制算法，实现对楼宇内电力负荷的动态监测和优化调度。

（1）能源管理系统：通过集成楼宇内的各种能源设备（如空调系统、照明系统、电梯系统等），实现对楼宇内能源的统一管理和调度。

（2）智能照明系统：利用传感器和智能控制器实现对照明系统的智能控制和节能优化。

3. 电动汽车充电站

电动汽车充电站作为柔性用电技术的重要应用之一，通过智能控制和优化调度技术，实现对电动汽车充电过程的实时监测和动态调整。

（1）充电站监控与管理：通过智能电表和传感器实时采集充电站内的充电数据，为充电站的优化调度提供决策支持。

（2）充电策略优化：利用先进的控制算法和通信技术，实现对电动汽车充电策略的实时优化和调整，确保电网的稳定运行。

（五）信息技术在柔性用电技术中的应用

信息技术在柔性用电技术中发挥着重要作用。它通过对电力系统运行状态的实时监测和数据分析，为电力系统的优化调度和高效管理提供有力支持。

1. 大数据技术

大数据技术通过对电力系统运行数据的实时采集和分析，挖掘出有价值的信息，为电力系统的优化调度提供决策支持。

（1）数据预处理：对采集到的电力系统运行数据进行清洗、整合和格式化处理，确保数据的质量和准确性。

（2）数据分析与挖掘：利用机器学习、数据挖掘等技术手段，对电力系统运行数据进行分析和挖掘，提取出有价值的信息和规律。

2. 云计算技术

云计算技术通过提供强大的计算能力和存储能力，支持柔性用电技术的实时监测和优化调度。

（1）云计算平台：构建基于云计算的电力系统监测和优化平台，实现对电力系统运行状态的实时监测和数据分析。

（2）云服务：利用云服务提供商提供的计算能力和存储能力，支持柔性用电技术的实时监测和优化调度。

3. 物联网技术

物联网技术通过连接各种智能设备和传感器，实现对电力系统的实时监测和智能控制。

（1）设备连接：利用物联网技术将电力系统中的各种智能设备和传感器连接起来，形成一个统一的物联网网络。

（2）数据传输与处理：通过物联网网络将采集到的电力系统运行数据传输到云端或本地处理中心进行处理和分析。

三、柔性用电对建筑电气节能的意义

随着全球能源危机和环境问题的日益严峻，建筑电气节能已成为实现可持续发展的重要途径之一。而柔性用电技术作为现代电力系统的重要组成部分，其在建筑电气节能中的作用日益凸显。

（一）提高能源利用效率

柔性用电技术通过智能化、自适应的手段，实现对电力负荷的动态平衡，从而提高能源利用效率。在建筑电气节能中，这主要体现在以下几个方面：

柔性用电技术能够根据建筑的实际用电需求，动态调节电力负荷，避免电力浪费。例如，在用电高峰时段，通过智能控制系统降低非必要设备的电力消耗，确保关键设备的正常运行；在用电低谷时段，则增加电力负荷，利用低谷电价进行储能或进行其他有益的电力操作。

柔性用电技术通过电力电子装置对电能质量进行动态调节，减少谐波污染和电压波动，提高供电质量。这不仅能够保护建筑内的电气设备免受损害，还能够提高设备的运行效率，减少能耗。柔性用电技术能够与可再生能源发电系统（如光伏发电、风力发电等）无缝对接，实现对可再生能源的高效利用。

通过储能系统和智能控制系统，柔性用电技术能够在可再生能源发电不足时提供电力支持，在发电过剩时进行储能，从而确保建筑的电力供应稳定可靠。

（二）降低建筑运行成本

柔性用电技术通过提高能源利用效率，降低建筑的电力消耗，从而降低建筑运行成本。

通过动态调节电力负荷和优化电能质量，柔性用电技术能够显著降低建筑的电力消耗，进而减少电费支出。特别是在电价波动较大的地区，柔性用电技术能够根据电价变化调整用电策略，进一步降低电费支出。柔性用电技术通过改善电能质量，减少谐波污染和电压波动，能够保护建筑内的电气设备免受损害，延长设备寿命。这不仅能够减少设备更换和维修的频率，还能够降低设备更换和维修的成本。

柔性用电技术通过智能控制系统对建筑的电力消耗进行实时监测和优化调度，提高能源管理效率。这不仅能够减少人工干预和误操作的可能性，还能够通过数据分析发现潜在的节能机会，进一步优化能源管理策略。

（三）促进绿色建筑发展

柔性用电技术作为现代电力系统的重要组成部分，其在绿色建筑中的应用前景广阔。通过促进建筑电气节能，柔性用电技术有助于推动绿色建筑的发展，实现建筑行业的可持续发展。柔性用电技术通过智能化、自适应的手段，实现对建筑电力消耗的动态平衡和优化调节，从而实现建筑全生命周期的节能减排。从建筑的设计、施工到运营、维护，柔性用电技术都能够发挥重要作用，降低建筑的能源消耗和碳排放。

柔性用电技术需要与智能控制系统紧密结合，实现对建筑电力消耗的实时监测和优化调度。这不仅能够提高能源利用效率，还能够推动建筑智能化发展，提高建筑的管理水平和居住舒适度。柔性用电技术能够与可再生能源发电系统无缝对接，实现对可再生能源的高效利用。在绿色建筑中，这不仅能够降低建筑的能源消耗和碳排放，还能够提高建筑的可再生能源利用比例，推动建筑向更加环保、可持续的方向发展。

（四）提高建筑应对能源危机和环境变化的能力

柔性用电技术通过提高能源利用效率、降低建筑运行成本、促进绿色建筑发展等方式，能够提高建筑应对能源危机和环境变化的能力。柔性用电技术通过与储能系统、智能控制系统等结合，能够实现对电力负荷的动态平衡和优化调节，增强能源供应的稳定性。在能源危机或突发事件发生时，柔性用电技术能够确保建筑的电力供应稳定可靠，保障建筑的正常运行。

柔性用电技术通过促进建筑电气节能，降低建筑的能源消耗和碳排放，提高建筑的环保性能。在环境日益恶化的今天，这不仅能够降低建筑对环境的负面影响，还能够提高建筑的社会形象和品牌价值。柔性用电技术作为现代电力系统的重要组成部分，其在建筑电气节能中的作用日益凸显。通过促进建筑电气节能，柔性用电技术有助于推动建筑行业的可持续发展，实现建筑行业的长期稳定发展。

四、柔性用电技术的挑战与解决方案

柔性用电技术，作为智能电网和能源互联网的重要组成部分，旨在通过智能化、自适应的手段实现电力负荷的动态平衡，提高能源利用效率，促进节能减排。然而，在柔性用电技术的推广和应用过程中，仍面临着一系列挑战。

（一）柔性用电技术的挑战

柔性用电技术涉及多个领域，包括电力电子技术、信息技术、储能技术等。目前，虽然这些技术在实验室条件下取得了显著进展，但在实际应用中仍面临技术成熟度不够、可靠性不足的问题。例如，电力电子器件在长时间高负荷运行下可能出现性能衰退、故障率升高等问题，影响整个系统的稳定运行。柔性用电技术涉及多个设备、系统和平台，需要实现不同设备、系统之间的互联互通和协同工作。然而，目前市场上存在多种不同标准、不同协议的设备和技术，缺乏统一的标准和规范，导致互操作性差，难以实现系统的集成和优化。

柔性用电技术需要收集和处理大量的用电数据，以实现对电力负荷的实时监测和优化调度。然而，在数据收集和处理过程中，可能涉及用户隐私和敏感信息，如何确保数据安全和隐私保护成为亟待解决的问题。柔性用电技术的推广和应用需要投入大量的资金，包括设备购置、系统建设、运维管理等方面的成本。然而，目前市场上柔性用电技术的成本仍然较高，难以在短期内实现大规模推广和应用。柔性用电技术作为新兴技术，其社会认知度和接受度仍然较低。许多用户对柔性用电技术的了解不足，对其效果和优势持怀疑态度，导致技术推广和应用的难度加大。

（二）柔性用电技术的解决方案

1. 提高技术成熟度与可靠性

加强基础研究和应用研发，提高电力电子器件、储能系统、智能控制系统等关键技术的成熟度和可靠性。建立完善的测试验证体系，对柔性用电技术进行全面的测试验证，确保其在不同环境下的稳定性和可靠性。加强与产业链上下游企业的合作，共同推动柔性用电技术的研发和应用，提高整个系统的可靠性和稳定性。

2. 推进标准化与互操作性

加强与国际标准化组织的合作，推动柔性用电技术的标准化进程，制定统一的标准和规范。建立开放的平台和接口，实现不同设备、系统之间的互联互通和协同工作。鼓励企业积极参与标准化工作，推动柔性用电技术的标准化和产业化进程。

3. 加强数据安全与隐私保护

加强数据加密和访问控制，确保数据在传输和存储过程中的安全性。建立完善的隐私保护机制，明确数据收集、处理和使用的范围和权限，保护用户的隐私权益。加强用户教育和宣传，提高用户对柔性用电技术的认知度和接受度，增强其数据安全和隐私保护意识。

4. 降低经济性与成本

加强技术创新和研发，提高柔性用电技术的性能和效率，降低设备购置和运维成本。推动柔性用电技术的规模化应用,通过规模效应降低单位成本。加强政策支持和市场引导,通过税收优惠、补贴等政策措施鼓励用户采用柔性用电技术,降低其经济负担。

5. 提高社会认知与接受度

加强宣传和推广工作,提高用户对柔性用电技术的认知度和接受度。建立示范项目和典型案例,展示柔性用电技术的效果和优势,增强用户的信心和信任。加强与用户的沟通和互动,了解用户的需求和反馈,不断优化和改进柔性用电技术,提高其适用性和实用性。

(三)柔性用电技术的未来展望

柔性用电技术作为新兴技术,其发展前景广阔。推动能源互联网的发展。柔性用电技术作为能源互联网的重要组成部分,将实现电力负荷的动态平衡和能源的高效利用,推动能源互联网的发展。

促进节能减排。柔性用电技术通过智能化、自适应的手段实现电力负荷的动态平衡,提高能源利用效率,促进节能减排。提高电力系统的灵活性和可靠性。柔性用电技术能够实现对电力负荷的动态平衡和优化调度,提高电力系统的灵活性和可靠性,保障电网的安全稳定运行。

第五节 光储直柔系统的整体架构

一、光储直柔系统架构的设计与优化

光储直柔系统是一种结合了太阳能光伏、储能、直流配电和柔性交互技术的综合能源系统。该系统旨在实现能源的高效利用和环境的可持续发展。

(一)光储直柔系统架构设计

光储直柔系统主要由四部分组成:太阳能光伏系统、储能系统、直流配电系统和柔性交互系统。

1. 太阳能光伏系统

太阳能光伏系统是光储直柔系统的核心部分，负责将太阳能转化为电能。

根据地理位置、气候条件等因素，选择适合的光伏组件类型，如单晶硅、多晶硅、薄膜光伏电池等。不同类型的光伏组件在转化效率、成本、寿命等方面存在差异，需要综合考虑。

光伏阵列的布局应充分考虑太阳辐射的角度和强度，确保光伏组件能够最大限度地接收太阳辐射。同时，还需要考虑光伏阵列的安装倾角、方位角等因素，以提高光伏系统的发电效率。根据实际需求，选择合适的光伏系统并网或离网模式。并网模式可以将多余的电能送入电网，实现能源的最大化利用；离网模式则可以在电网故障或偏远地区实现自给自足。

2. 储能系统

储能系统是光储直柔系统的重要组成部分，负责将太阳能光伏系统产生的电能进行储存，以满足夜间或阴雨天等无光照条件下的能源需求。

目前常用的储能技术包括电池储能、超级电容器储能、抽水蓄能等。不同类型储能技术在能量密度、功率密度、成本、寿命等方面存在差异，需要根据实际需求进行选择。储能容量应根据光伏系统的发电量和用电负荷特性进行确定，确保在光照不足时能够满足用电需求。同时，还需要考虑储能系统的充放电效率、循环寿命等因素。储能系统的管理包括电池状态的监测、充放电策略的制定等。通过智能化的管理系统，可以实现对储能系统的实时监测和优化调度，提高储能系统的利用率和寿命。

3. 直流配电系统

直流配电系统是光储直柔系统的重要组成部分，负责将太阳能光伏系统产生的电能进行分配和传输。

根据用电负荷特性和光伏系统的发电量，选择合适的直流电压等级。较低的电压等级可以减少传输损耗和成本，但可能增加变换次数和复杂度；较高的电压等级则可以提高传输效率和可靠性，但可能增加设备成本和安全性要求。

配电网络的设计应充分考虑光伏系统、储能系统和用电负荷的分布特点，确保电能的可靠传输和分配。同时，还需要考虑配电网络的冗余度和可靠性，以提高系统的稳定性和可靠性。直流负载的接入需要考虑负载的特性和需求，选择合适的接入方式和控制策略。通过智能化的负载管理系统，可以实现对负载的实时监测和优化调度，提高能源利用效率。

4.柔性交互系统

柔性交互系统是光储直柔系统的创新之处，负责实现市电供应、分布式光伏、储能以及建筑用能四者的协同关系。

根据用电负荷特性和光伏系统的发电量，制定合适的柔性交互策略。例如，在光照充足时，优先使用光伏系统供电；在光照不足时，则通过储能系统或市电进行补充。通过智能化的控制系统，可以实现对柔性交互策略的实时监测和优化调度。

柔性交互系统需要与电网进行互动，实现电能的双向流动和调节。通过智能化的电网互动系统，可以实现对电网负荷的实时监测和优化调度，提高电网的稳定性和可靠性。柔性交互系统还需要考虑用户需求的响应，实现个性化的能源管理。例如，根据用户的用电习惯和偏好，调整柔性交互策略以满足用户需求；通过智能化的用户管理系统，可以实现对用户需求的实时监测和优化调度。

（二）光储直柔系统架构的优化

光储直柔系统架构的优化需要从多个方面入手，以提高系统的整体性能和可靠性。

1.能量管理的优化

能量管理是光储直柔系统的核心任务之一，负责实现电能的合理分配和优化利用。通过智能化的能量管理系统，可以实现对光伏系统、储能系统和用电负荷的实时监测和优化调度，提高能源利用效率。

利用先进的预测算法对光伏系统的发电量和用电负荷进行预测，以提前制定合适的能量管理策略。例如，基于历史数据和气象信息，使用机器学习算法对光伏系统的发电量进行预测；基于用户行为模式和用电负荷特性，使用深度学习算法对用电负荷进行预测。能量管理策略的制定需要考虑多个目标，如能源利用效率、系统稳定性、用户满意度等。通过多目标优化算法，可以在满足各个目标的前提下实现整体性能的最优。

2. 电网互动的优化

电网互动是光储直柔系统的重要功能之一，负责实现电能的双向流动和调节。通过优化电网互动策略，可以提高电网的稳定性和可靠性。

根据电网负荷情况和政策要求，制定合适的需求响应策略。例如，在电网负荷高峰时段，通过减少非必要用电负荷或调整柔性交互策略以缓解电网压力；在电网负荷低谷时段，则通过储能系统或市电进行补充以平衡电网负荷。通过集成多个分布式能源系统（如光储直柔系统）形成虚拟电厂，实现对电网负荷的实时监测和优化调度。虚拟电厂可以提高电网的灵活性和可靠性，降低电网的运营成本。

3. 储能管理的优化

储能管理是光储直柔系统的重要组成部分，负责实现对储能系统的实时监测和优化调度。通过优化储能管理策略，可以提高储能系统的利用率和寿命。

根据光伏系统的发电量和用电负荷特性，制定合适的充放电策略。例如，在光照充足时，优先使用光伏系统为储能系统充电；在光照不足时，则通过市电或储能系统为用电负荷供电。通过智能化的充放电管理系统，可以实现对储能系统的实时监测和优化调度。通过实时监测电池的状态（如电压、电流、温度等），评估电池的健康状态和剩余寿命。根据监测结果调整充放电策略或更换电池，以延长储能系统的使用寿命和降低运维成本。

4. 直流配电的优化

直流配电是光储直柔系统的重要组成部分，负责将太阳能光伏系统产生的电能进行分配和传输。通过优化直流配电系统，可以提高传输效率和可靠性。

根据用电负荷特性和光伏系统的发电量，选择合适的直流电压等级。较低的电压等级可以减少传输损耗和成本，但可能增加变换次数和复杂度；较高的电压等级则可以提高传输效率和可靠性，但可能增加设备成本和安全性要求。通过综合考虑各种因素，选择最合适的电压等级以实现整体性能的最优。配电网络的设计应充分考虑光伏系统、储能系统和用电负荷的分布特点，确保电能的可靠传输和分配。同时，还需要考虑配电网络的冗余度和可靠性，以提高系统的稳定性和可靠性。通过智能化的配电管理系统，可以实现对配电网络的实时监测和优化调度，提高传输效率和可靠性。

二、光储直柔系统各组成部分的集成与协同

光储直柔系统，作为一种集成了太阳能光伏、储能、直流配电及柔性交互技术于一体的先进能源管理系统，其核心优势在于各组成部分之间的高效集成与协同工作。这种系统不仅提升了能源的使用效率，还增强了能源供应的灵活性和可靠性，对于推动绿色能源的应用和可持续发展具有重要意义。

（一）光储直柔系统概述

光储直柔系统主要由四个关键部分构成：太阳能光伏系统、储能系统、直流配电系统以及柔性交互系统。这四个部分相互关联，共同构成了一个高效、灵活的能源管理和供应体系。

太阳能光伏系统负责将太阳能转化为电能，是系统的能源输入端。储能系统用于储存光伏系统产生的多余电能，并在光照不足时释放电能，确保能源供应的连续性。直流配电系统负责电能的分配和传输，采用直流电以减少能量转换过程中的损失。柔性交互系统则实现了系统与电网、用户之间的灵活互动，提高了能源使用的灵活性和经济性。

（二）各组成部分的集成策略

1. 太阳能光伏系统与储能系统的集成

太阳能光伏系统与储能系统的集成是光储直柔系统的基础。光伏系统产生的电能首先供给负载，多余部分则通过充电控制器充入储能系统。这种集成方式要求光伏系统与储能系统在电压等级、电流容量等方面高度匹配，以

确保能量的高效传输和储存。

（1）智能控制：通过智能控制系统，根据光照强度、负载需求和储能状态，自动调节光伏系统的输出功率和储能系统的充放电策略。

（2）物理连接：采用高效的直流—直流变换器，实现光伏系统与储能系统之间的电压匹配和能量转换。

2.储能系统与直流配电系统的集成

储能系统与直流配电系统的集成确保了电能的稳定供应和高效分配。储能系统作为直流配电系统的能源储备，可以在光照不足或负载峰值时提供电能支持。

（1）能量管理：通过能量管理系统，实时监测储能系统的电量状态和直流配电系统的负载情况，优化储能系统的充放电策略。

（2）保护机制：设置过压、过流、短路等保护机制，确保储能系统与直流配电系统之间的安全连接和稳定运行。

3.直流配电系统与柔性交互系统的集成

直流配电系统与柔性交互系统的集成实现了系统与外部电网和用户的灵活互动。柔性交互系统可以根据电网电价、用户需求和系统状态，自动调节直流配电系统的输出，实现能源的经济性使用。

（1）双向通信：通过通信网络，实现直流配电系统与柔性交互系统之间的实时数据传输和指令交互。

（2）智能调度：柔性交互系统根据电网电价峰谷、用户用电习惯和储能系统状态，智能调度直流配电系统的输出，实现能源的优化配置。

（三）各组成部分的协同机制

1.能量流动协同

在光储直柔系统中，能量的流动是协同工作的核心。通过智能控制系统，实现光伏系统、储能系统、直流配电系统和柔性交互系统之间的能量流动协同。

（1）光照充足时：光伏系统产生的电能优先供给负载，多余部分充入储能系统；同时，柔性交互系统可以根据电网电价情况，将多余电能卖给电网。

（2）光照不足时：储能系统释放电能供给负载；若储能系统电量不足，柔性交互系统可以从电网购电补充。

2. 信息交互协同

信息交互协同是光储直柔系统高效运行的关键。通过通信网络，各组成部分之间实现实时数据传输和指令交互。

（1）状态监测：各组成部分实时监测自身状态（如电压、电流、温度等），并将数据上传至智能控制系统。

（2）指令下发：智能控制系统根据各组成部分的状态数据和用户需求，下发控制指令，实现系统的优化运行。

3. 故障保护协同

故障保护协同是确保光储直柔系统安全运行的重要保障。通过设置保护机制和故障检测算法，实现各组成部分之间的故障保护协同。

（1）故障检测：通过监测各组成部分的电压、电流等参数，及时发现故障并定位故障点。

（2）保护动作：当发生故障时，保护机制迅速动作，切断故障电路，防止故障扩大和蔓延。

4. 经济性协同

经济性协同是光储直柔系统长期稳定运行的关键。通过柔性交互系统和能量管理系统，实现系统运行的经济性协同。

（1）电价管理：柔性交互系统实时监测电网电价，根据电价峰谷情况调整系统的运行策略。

（2）成本优化：能量管理系统根据各组成部分的运行成本和效率，优化系统的运行方案，降低系统的整体成本。

三、光储直柔系统的运行策略与控制逻辑

光储直柔系统是一种集成了太阳能光伏、储能、直流配电和柔性用电技术的综合能源解决方案。该系统通过高效集成各组成部分，实现了能源的高

效利用、灵活调度和稳定供应。

（一）光储直柔系统的运行策略

光储直柔系统的运行策略旨在实现系统的最优性能，同时满足用户多样化的能源需求。这些策略包括能量管理策略、负荷调度策略、故障应对策略等。

1. 能量管理策略

能量管理策略是光储直柔系统的核心，它涉及光伏系统、储能系统和电网之间的能量流动和平衡。

（1）光伏发电优先利用：在光照充足的情况下，光伏发电系统产生的电能优先供给本地负载。如果发电量超过负载需求，多余的电能将被储存到储能系统中。

（2）储能系统调节：当光伏发电量不足或负载需求增加时，储能系统释放储存的电能，以维持系统的稳定供应。同时，储能系统还用于平衡电网负荷，实现峰谷调节。

（3）电网互动：在光照不足或负载高峰时段，如果储能系统的电能也不足以满足需求，系统将从电网购电。反之，在光伏发电量过剩且储能系统已满的情况下，系统可将多余的电能卖给电网。

2. 负荷调度策略

负荷调度策略旨在实现负荷的柔性调节，以优化系统的运行效率和用户用电体验。

（1）需求侧响应：系统通过智能电表和通信网络，实时监测用户的用电需求，并根据电网电价、负载状况等因素，引导用户调整用电行为。例如，在电价高峰时段，系统可以通过智能家电控制策略，降低非必要负荷的用电功率。

（2）负荷预测与调度：基于历史数据和智能算法，系统对未来一段时间内的负荷需求进行预测，并根据预测结果制定负荷调度计划。通过提前调度储能系统和电网资源，确保在负荷高峰时段系统的稳定供应。

3. 故障应对策略

故障应对策略旨在确保系统在发生故障时的稳定运行和快速恢复。

（1）故障检测与定位：系统通过实时监测各组成部分的状态参数（如电压、电流、温度等），及时发现并定位故障点。

（2）故障隔离与恢复：在发生故障时，系统通过控制策略将故障部分与正常部分隔离，防止故障扩散。同时，系统启动备用方案或紧急调度资源，确保系统的基本功能不受影响。

（二）光储直柔系统的控制逻辑

光储直柔系统的控制逻辑是实现系统高效运行和柔性调节的关键。它涉及光伏系统、储能系统、直流配电系统和柔性用电系统之间的协调与控制。

1. 光伏系统的控制逻辑

光伏系统的控制逻辑旨在实现光伏发电的高效利用和稳定运行。

（1）最大功率点跟踪：通过实时监测光伏电池板的输出电压和电流，调整逆变器的控制参数，使光伏系统始终运行在最大功率点附近，从而提高光伏发电效率。

（2）过压保护与欠压恢复：在光照强度变化或负载突变时，光伏系统可能面临过压或欠压风险。系统通过监测电压参数，并在必要时调整逆变器的输出功率或启动保护机制，确保光伏系统的安全运行。

2. 储能系统的控制逻辑

储能系统的控制逻辑旨在实现电能的高效储存和释放。

（1）充放电控制：根据光伏发电量、负载需求和电网电价等因素，系统实时调整储能系统的充放电策略。例如，在电价低谷时段充电，在电价高峰时段放电。

（2）状态监测与管理：系统通过监测储能电池的电压、电流、温度等参数，实时评估电池的健康状态和使用寿命。同时，根据电池状态调整充放电功率和策略，以延长电池的使用寿命。

3. 直流配电系统的控制逻辑

直流配电系统的控制逻辑旨在实现电能的高效分配和传输。

（1）电压稳定控制：通过实时监测直流母线电压，系统调整逆变器和整流器的控制参数，确保直流母线电压的稳定。这有助于减少电能传输过程中的损失和提高系统的运行效率。

（2）故障隔离与恢复：在直流配电系统发生故障时，系统通过控制策略将故障部分与正常部分隔离，防止故障扩散。同时，系统启动备用方案或紧急调度资源，确保负载的基本供电不受影响。

4. 柔性用电系统的控制逻辑

柔性用电系统的控制逻辑旨在实现负荷的柔性调节和系统的优化运行。

（1）需求侧响应控制：系统通过智能电表和通信网络实时监测用户的用电需求，并根据电网电价、负载状况等因素制定需求侧响应策略。例如，在电价高峰时段降低非必要负荷的用电功率，在电价低谷时段增加负荷用电。

（2）负荷预测与调度控制：基于历史数据和智能算法，系统对未来一段时间内的负荷需求进行预测，并根据预测结果制定负荷调度计划。通过提前调度储能系统和电网资源，确保在负荷高峰时段系统的稳定供应。同时，系统还根据负荷预测结果调整光伏系统和储能系统的运行策略，以实现系统的优化运行。

（三）运行策略与控制逻辑的结合应用

在光储直柔系统的实际运行中，运行策略与控制逻辑是相互关联、相互影响的。通过结合应用这些策略和逻辑，可以实现系统的最优性能。

系统通过能量管理策略确定光伏系统、储能系统和电网之间的能量流动和平衡。同时，通过控制逻辑实时监测各组成部分的状态参数，并根据状态调整控制参数，以确保策略的有效实施。系统通过负荷调度策略实现负荷的柔性调节。同时，通过控制逻辑实时监测用户的用电需求，并根据需求调整负荷调度计划。这种结合应用有助于提高系统的运行效率和用户用电体验。

系统通过故障应对策略确保在发生故障时的稳定运行和快速恢复。同时，通过控制逻辑实时监测各组成部分的状态参数，并在必要时启动保护机制或备用方案。这种结合应用有助于提高系统的可靠性和安全性。

第三章 光储直柔技术的政策与标准支持

第一节 国家相关政策解读

一、国家新能源政策对光储直柔技术的支持

全球对气候变化问题的日益重视，新能源技术的发展已成为各国政策制定的重要议题。我国光储直柔技术作为新型建筑电力系统，因其高效、清洁、灵活的特点，受到了全国各级政府的高度重视。国家通过一系列政策文件和实施措施，为光储直柔技术的研发、推广和应用提供了强有力的支持。

（一）国家新能源政策背景

近年来，我国在新能源领域出台了一系列支持政策，旨在推动能源绿色低碳转型，实现"双碳"目标。这些政策包括资金扶持、税收优惠、市场机制创新等多个层面，涵盖了光伏、风能、新能源汽车等多个新能源领域。

在光伏和风能方面，政策重点随着行业发展而调整，从早期的装机补贴逐渐转向技术创新、产业升级和市场机制建设。对于新能源汽车，政策则涵盖了产业规划、补贴、税收以及双积分政策等多个层面。此外，国家还通过绿色债券、绿色基金等金融工具，为新能源项目提供资金支持。

（二）光储直柔技术的政策支持

光储直柔技术作为新型建筑电力系统，集成了太阳能光伏、储能、直流配电和柔性交互四项技术，具有高效、清洁、灵活的特点。国家通过一系列

政策文件和实施措施，为光储直柔技术的研发、推广和应用提供了全方位的支持。

1. 国家层面的政策支持

国家发展改革委、国家能源局等部委在多个政策文件中明确提到要推动光储直柔技术的发展和应用。例如，在《关于加快推动新型储能发展的指导意见》中，国家鼓励聚合利用不间断电源、电动汽车、用户侧储能等分散式储能设施，积极支持用户侧储能多元化发展。这为光储直柔技术中的储能环节提供了政策依据。

此外，在《关于促进光伏产业健康发展的若干意见》中，国家提出要鼓励分布式光伏的发展，支持光伏与储能、微电网等新技术、新模式的结合应用。这为光储直柔技术在建筑领域的推广提供了政策导向。

2. 地方政府的积极响应

在国家政策的引领下，地方政府也纷纷出台了一系列支持光储直柔技术发展的政策措施。例如，安徽省芜湖市发布了《关于加快光伏发电项目建设的若干政策措施的通知》，鼓励利用未利用地和存量建设用地发展光伏发电产业，并对储能项目给予补贴。这为光储直柔技术中的光伏和储能环节提供了资金支持。

山东省人民政府也印发了相关政策清单，提到优化海上光伏储能配置，并对储能项目给予容量补偿费用。云南省大理白族自治州人民政府在光伏项目竞争性配置公告中，明确光伏发电项目需按照装机的一定比例配置调节资源，这为光储直柔技术中的储能环节提供了市场机遇。

3. 专项规划与示范项目

为了推动光储直柔技术的快速发展，国家还组织开展了专项规划和示范项目。例如，在《智能光伏产业创新发展行动计划（2021—2025年）》中，国家明确提出要推动"智能光伏+储能"在工业、农业、建筑、交通及新能源汽车等领域创新应用。这为光储直柔技术在多个领域的应用提供了规划指引。

同时，国家还组织开展了光储直柔技术的示范项目，如全球首个"光储直柔"建筑在深圳的落地应用。这些示范项目不仅验证了光储直柔技术的可行性和优越性，也为后续的大规模推广积累了宝贵经验。

（三）政策对光储直柔技术发展的具体影响

国家政策对光储直柔技术的支持，激发了企业和科研机构的技术研发热情。在光伏、储能、直流配电和柔性交互等关键技术领域，不断有新的技术突破和产品问世。例如，在储能技术方面，锂离子电池、钠离子电池、全钒液流电池等新型储能技术不断取得进展；在直流配电技术方面，低压直流供电系统逐渐受到行业关注；在柔性交互技术方面，建筑设备的柔性调节能力不断提升。随着政策的持续推动和市场的不断扩大，光储直柔技术逐渐实现了产业规模化发展。越来越多的企业开始涉足光储直柔领域，形成了完整的产业链和供应链。同时，市场规模的不断扩大也吸引了更多的资本进入，为光储直柔技术的快速发展提供了资金保障。

光储直柔技术的应用，有效提高了建筑领域的能源利用效率。通过集成光伏、储能、直流配电和柔性交互四项技术，光储直柔系统能够实现分布式电源的灵活接入和就地消纳，减少能源传输过程中的损失。同时，通过智能控制和优化调度，光储直柔系统能够实时响应建筑负荷变化，提高能源的供需匹配度。光储直柔技术的推广和应用，对于推动绿色低碳发展具有重要意义。通过集成可再生能源和储能技术，光储直柔系统能够减少对传统化石能源的依赖，降低碳排放。同时，通过智能控制和优化调度，光储直柔系统能够实现能源的精细化管理，提高能源利用效率，进一步推动绿色低碳发展。

二、建筑节能政策对光储直柔技术的推动

在全球气候变化的背景下，建筑节能和绿色转型已成为各国政策制定的重要议题。光储直柔技术作为一种新型的建筑配电系统，集成了太阳能光伏、储能、直流配电和柔性交互四项技术，具有高效、清洁、灵活的特点，对于实现建筑领域的节能减排和绿色转型具有重要意义。

（一）建筑节能政策的背景与目标

随着全球能源需求的不断增长和环境污染问题的日益严重，建筑节能已成为各国政府关注的焦点。中国政府高度重视建筑节能工作，出台了一系列政策措施，旨在提高建筑能效、减少建筑能耗、促进建筑领域的绿色转型。这些政策的目标主要包括以下几个方面：

（1）提高建筑能效：通过采用先进的建筑节能技术和材料，提高建筑围护结构的保温隔热性能，降低建筑能耗。

（2）推广可再生能源应用：鼓励在建筑领域应用太阳能、风能等可再生能源，减少对化石能源的依赖。

（3）发展绿色建筑：推动绿色建筑的设计、施工和运营，实现建筑全生命周期的绿色化。

（4）促进建筑智能化：通过智能化技术实现建筑的能效管理和能源优化利用。

（二）建筑节能政策对光储直柔技术的推动

建筑节能政策对光储直柔技术的推动主要体现在以下几个方面：

1. 政策引导与资金支持

我国出台了一系列政策文件，明确提到要推动光储直柔技术的发展和应用。例如，在《关于加快经济社会发展全面绿色转型的意见》中，明确提出要推动超低能耗建筑规模化发展，推广先进高效照明、空调、电梯等设备，优化建筑用能结构，推进建筑光伏一体化建设，推动"光储直柔"技术应用。这些政策为光储直柔技术的推广和应用提供了明确的方向和指导。

同时，政府还通过资金扶持、税收优惠等方式，鼓励企业和科研机构开展光储直柔技术的研发和应用。例如，在"十四五"期间，国家加大了对绿色建筑和可再生能源应用的资金支持力度，为光储直柔技术的研发和应用提供了有力的资金保障。

2. 技术标准与规范制定

为了确保光储直柔技术的安全、可靠、高效运行，政府还组织制定了相关技术标准和规范。例如，在《智能光伏产业创新发展行动计划》中，明确提出要推动"光储直柔"建筑的标准化、系列化、规模化发展，制定和完善相关标准和规范。这些技术标准和规范的制定，为光储直柔技术的推广和应用提供了技术支撑和保障。

3. 示范项目与推广应用

为了验证光储直柔技术的可行性和优越性，政府还组织开展了多项示范项目。例如，在雄安新区、深圳等地，政府推动建设了多个"光储直柔"建筑示范项目，通过实际运行和监测数据，验证了光储直柔技术在提高建筑能效、减少建筑能耗、促进建筑绿色转型方面的显著效果。这些示范项目的成功实施，为光储直柔技术的推广应用提供了有力支持。

同时，政府还通过宣传、培训等方式，提高社会各界对光储直柔技术的认识和了解，推动其在更广泛领域的应用。例如，在北京市朝阳区生态环境局发布的《北京市朝阳区减污降碳协同创新试点实施方案（征求意见稿）》中，明确提出要推广光储直柔、可再生能源与建筑一体化等技术，推动建筑领域的绿色转型。

4. 市场机制的完善

政府还通过完善市场机制，为光储直柔技术的推广应用提供了有力支持。例如，在绿电消纳方面，政府推动建立了绿色电力证书交易制度，鼓励企业和用户购买绿色电力，促进可再生能源的消纳和利用。在储能方面，政府推动建立了储能电站容量电价机制，为储能电站的建设和运营提供了合理的收益保障。这些市场机制的完善，为光储直柔技术的推广应用提供了有力支持。

（三）光储直柔技术的优势与应用前景

光储直柔技术作为一种新型的建筑配电系统，具有显著的优势和广阔的应用前景。

通过光伏发电为建筑提供清洁能源，通过储能系统实现电能的储存和调节，通过直流配电减少能量转换过程中的损失，通过柔性交互实现建筑负荷的灵活调节。这些措施共同作用下，可以显著降低建筑的能耗水平。光储直柔技术通过集成太阳能光伏技术，实现了建筑领域可再生能源的广泛应用。太阳能是一种清洁、可再生的能源，具有巨大的应用潜力。通过光储直柔技术，可以将太阳能转化为电能供建筑使用，减少对传统化石能源的依赖。

光储直柔技术通过集成智能化控制技术，实现了建筑能效的智能化管理。通过实时监测和数据分析，可以精确掌握建筑的能耗情况和负荷变化趋势，从而制定更加科学合理的能效管理策略。同时，通过智能化控制手段，可以实现建筑负荷的灵活调节和优化分配，进一步提高建筑的能效水平。随着技术的不断发展和成熟，光储直柔技术的应用领域也将不断拓展。除了在建筑领域应用外，光储直柔技术还可以应用于工业、农业、交通等多个领域。例如，在工业领域，可以通过光储直柔技术实现工厂用电的智能化管理；在农业领域，可以通过光储直柔技术为农业设施提供清洁能源和电力保障；在交通领域，可以通过光储直柔技术为电动汽车提供充电服务。这些应用领域的拓展将为光储直柔技术的快速发展提供更加广阔的空间和机遇。

三、科技创新政策对光储直柔技术的激励

在全球能源转型和绿色发展的背景下，光储直柔技术正以其独特的优势引领着能源利用的新潮流。科技创新政策在推动光储直柔技术发展方面起到了至关重要的作用，为这一技术的快速进步和广泛应用提供了强有力的支持。

（一）科技创新政策对光储直柔技术的激励背景

在全球气候变化和能源危机日益严峻的背景下，推动能源技术的创新和发展已成为各国政府的共识。光储直柔技术作为一种高效、清洁、灵活的能源利用方式，对于促进能源转型、实现可持续发展具有重要意义。

随着全球能源需求的不断增长和环境污染问题的日益严重，传统化石能源的利用方式已难以为继。推动能源转型，发展可再生能源和清洁能源，已成为各国政府的必然选择。光储直柔技术作为一种集光伏发电、储能、直流配电和柔性用电于一体的新型能源系统，具有显著的优势和广阔的应用前景，对于促进能源转型具有重要意义。

科技创新是推动能源转型和绿色发展的核心动力。光储直柔技术涉及多个领域的先进技术，包括光伏发电技术、储能技术、直流配电技术和柔性用电技术等。这些技术的创新和发展，需要政府提供政策支持和引导，以促进技术研发和产业升级。随着全球能源转型的加速推进和绿色建筑的兴起，光储直柔技术的市场需求不断增长。政府通过制定相关政策和标准，推动光储直柔技术的标准化、系列化和规模化发展，以满足市场需求，推动产业快速发展。

（二）科技创新政策对光储直柔技术的激励措施

政府通过增加研发投入、设立专项基金等方式，支持光储直柔技术的研发和创新。例如，我国设立了国家自然科学基金、国家重点研发计划等专项基金，支持光储直柔技术的研发和创新。这些资金的投入，为光储直柔技术的快速发展提供了强有力的支持。政府通过制定税收优惠和补贴政策，鼓励企业和科研机构加大对光储直柔技术的研发投入。例如，对于符合条件的光储直柔技术研发项目，给予税收优惠和补贴支持。这些政策的实施，降低了企业和科研机构的研发成本，提高了其研发投入的积极性。

政府通过加强知识产权保护，维护光储直柔技术的创新成果。例如，加强了对光储直柔技术的专利审查和授权工作，严厉打击侵犯知识产权的行为。这些措施的实施，为光储直柔技术的创新和发展提供了有力的法律保障。政府通过加强人才培养和引进工作，为光储直柔技术的创新和发展提供人才保障。例如，鼓励高校和科研机构加强光储直柔技术的教育和培训工作，培养一批高素质的专业人才。同时，政府还通过制定人才引进政策，吸引海外高层次人才回国从事光储直柔技术的研发和创新工作。

政府通过加强国际合作与交流，推动光储直柔技术的国际化发展。例如，积极参与国际能源合作与交流活动，加强与国外政府、企业和科研机构的合作与交流。这些合作与交流活动的开展，为光储直柔技术的国际化发展提供了广阔的空间和机遇。

(三）科技创新政策对光储直柔技术的激励效果

在科技创新政策的支持下，光储直柔技术在多个方面取得了技术突破和创新。例如，在光伏发电技术方面，高效光伏电池的研发和应用不断取得新进展；在储能技术方面，锂离子电池、钠离子电池等新型储能技术的研发和应用不断取得新突破；在直流配电技术方面，高效直流配电系统的研发和应用不断取得新进展；在柔性用电技术方面，柔性用电管理系统的研发和应用不断取得新突破。这些技术突破和创新为光储直柔技术的快速发展提供了强有力的支撑。在科技创新政策的推动下，光储直柔产业快速发展。全球范围内涌现出一批具有竞争力的光储直柔企业，这些企业不断加大研发投入，推出了一系列具有自主知识产权的光储直柔产品和技术解决方案。同时，政府还通过制定相关政策和标准，推动光储直柔技术的标准化、系列化和规模化发展，为产业的快速发展提供了有力保障。

随着全球能源转型的加速推进和绿色建筑的兴起，光储直柔技术的市场需求不断增长。政府通过制定相关政策和标准，推动光储直柔技术在建筑、交通、工业等多个领域的应用和推广。同时，政府还通过加强宣传推广和示范项目建设等方式，提高公众对光储直柔技术的认识和了解，进一步拓展市场需求。在科技创新政策的推动下，光储直柔技术的国际合作与交流不断深化。中国政府积极参与国际能源合作与交流活动，加强与国外政府、企业和科研机构的合作与交流。这些合作与交流活动的开展，为光储直柔技术的国际化发展提供了广阔的空间和机遇。同时，国际合作与交流还有助于引进国外先进技术和经验，推动光储直柔技术的快速发展和广泛应用。

第二节 行业标准与规范

一、光伏发电行业标准与规范

随着全球对可再生能源的需求不断增加，光伏发电作为清洁能源的重要组成部分，其发展速度迅猛。为了确保光伏发电系统的安全、高效和可持续发展，各国和地区都制定了一系列行业标准与规范。这些标准与规范涵盖了从光伏组件的选型、设计、安装到运行维护的各个环节，旨在提高光伏发电系统的整体性能，降低运维成本，促进光伏产业的健康发展。

（一）光伏组件的选型与设计规范

光伏组件是光伏发电系统的核心部件，其性能直接影响整个系统的发电效率和使用寿命。因此，在光伏组件的选型过程中，需要严格遵守相关标准与规范。光伏组件的性能标准主要包括光电转换效率、衰减率、温度系数、最大功率点电压和电流等参数。例如，根据《光伏制造行业规范条件(2024年)》，多晶硅电池和单晶硅电池的最低光电转换效率分别不得低于21.4%和23.2%，组件的衰减率在25年内不高于20%。这些标准确保了光伏组件的高效性和稳定性。

在光伏组件的选型过程中，需要充分考虑项目的运行环境、功率需求以及组件的质量和稳定性。选型时应选择性能优良、可靠性较高的组件，并进行适当的组件评估和性能测试。此外，还需考虑组件的兼容性，以确保与系统中其他设备的良好配合。

（二）光伏发电系统的设计规范

光伏发电系统的设计规范涵盖了从系统布局、设备选型到电气连接等多个方面，旨在确保系统的安全性和高效性。

光伏发电系统的布局应考虑光照条件、地形地貌、气象条件等因素，以最大化发电效率。容量设计应根据项目的实际需求和预算进行合理安排，避免过度投资或容量不足。在设备选型与配置过程中，需要严格遵守相关标准和规范。例如，并网逆变器是光伏发电系统中的关键设备，其选择应符合国家和地区的相关标准和规定。同时，还需考虑设备的可靠性、效率和运维成本等因素。

电气连接是光伏发电系统中的重要环节，其质量和安全性直接影响系统的稳定运行。在电气连接过程中，应严格按照相关规范进行正确的电气接线和布线，确保连接牢固可靠。同时，还需做好接地工作，以防止雷击等安全隐患。

（三）光伏发电系统的安装规范

光伏发电系统的安装质量直接影响系统的运行效率和安全性。因此，在安装过程中需要严格遵守相关规范。

基础建设是光伏发电系统安装的重要环节。在安装过程中，应根据项目的地质条件和气候环境选择合适的基础类型和建设方法，确保基础的稳定性和可靠性。同时，还需注意支架的安装质量和稳定性，以减少因恶劣天气条件造成的损坏或倒塌的风险。电缆敷设是光伏发电系统安装中的另一个重要环节。在电缆敷设过程中，应按照设计要求和相关规范合理布置电缆线路，保证光伏发电系统的安全运行。特别要注意电缆的绝缘和防护工作，避免电缆损坏和线路故障。

（四）光伏发电系统的运行与维护规范

光伏发电系统的运行与维护是确保其长期稳定运行的关键。因此，需要制定一系列运行与维护规范来指导实际操作。光伏发电系统的发电效率是一个重要指标。通过监控系统进行实时的功率和发电量检测，可以及时发现并处理发电效率低下的问题。此外，还需定期对系统进行性能评估和优化调整，以提高发电效率。

光伏发电系统的维护与保养是确保其长期稳定运行的关键。应定期进行设备巡检和清洗工作，以及时处理设备故障和损坏。同时，还需建立健全的记录和报告机制，对系统的运行数据进行定期记录和分析，以便及时发现并处理潜在问题。在光伏发电系统的运行过程中，可能会遇到各种突发情况。因此，需要制定应急处理预案和安全管理措施来应对潜在风险。例如，在遭遇恶劣天气条件时，应及时采取防护措施以减少系统受损的风险；在发生设备故障时，应迅速启动应急预案进行处理以减少损失。

(五)光伏发电行业的国家标准与行业标准

为了规范光伏发电行业的发展和保障光伏发电系统的质量和安全性,各国和地区都制定了一系列国家标准和行业标准。

国家标准是由国家标准化管理机构制定并发布的标准文件。在光伏发电行业中,常见的国家标准包括《光伏制造行业规范条件》《光伏发电站设计规范》《光伏发电站施工规范》等。这些标准涵盖了光伏组件的选型、设计、安装、运行和维护等多个方面,为光伏发电系统的建设和管理提供了统一的技术要求和质量标准。

行业标准是由行业协会或专业机构制定并发布的标准文件。在光伏发电行业中,常见的行业标准包括《光伏并网电站太阳能资源评估规范》《光伏发电站逆变器效率检测技术要求》等。这些标准针对光伏发电行业的特定环节或技术提出了具体的技术要求和质量标准,有助于推动行业的规范化发展。

(六)光伏发电行业标准的国际化趋势

随着全球对可再生能源的重视和光伏发电技术的不断发展,光伏发电行业标准的国际化趋势日益明显。各国和地区之间的标准交流与合作日益频繁,旨在推动全球光伏产业的协同发展。国际组织如国际电工委员会等正在积极推动光伏发电国际标准的制定与推广。这些国际标准旨在为全球范围内的光伏发电系统建设和管理提供统一的技术要求和质量标准,促进光伏产业的国际化发展。

在区域范围内,各国和地区也在积极推动光伏发电标准的协调与统一。例如,在亚洲地区,日本、韩国等国家正在加强光伏发电标准的交流与合作,旨在推动区域光伏产业的协同发展。随着全球光伏产业的不断发展,越来越多的跨国企业开始进入光伏发电市场。为了确保产品质量和市场竞争力,这些企业纷纷遵循国际标准和区域标准,并积极申请相关认证。这不仅有助于提升企业的品牌形象和市场竞争力,也有助于推动全球光伏产业的标准化发展。

二、储能技术行业标准与规范

储能技术作为现代电力系统的重要组成部分，对于提高能源利用效率、保障电网稳定运行以及推动可再生能源的普及应用具有至关重要的作用。为了确保储能系统的安全性、可靠性和经济性，各国和地区纷纷制定了一系列储能技术行业标准与规范。这些标准与规范不仅涵盖了储能系统的设计、制造、安装、运行和维护等各个环节，还涉及储能设备的性能参数、测试方法、安全性评估等方面。

（一）储能技术行业标准与规范的重要性

储能技术行业标准与规范对于推动储能技术发展具有重要意义。通过制定统一的标准和规范，可以促进不同储能技术之间的互操作性，提高整个储能系统的效率和安全性。同时，这些标准与规范还可以确保储能产品的安全性能和质量水平，避免或减少事故和质量问题的发生。完善的标准与规范体系有助于降低市场进入门槛，促进储能技术的普及和产业发展。

（二）储能技术行业标准与规范的主要内容

储能技术行业标准与规范的内容十分广泛，涵盖了储能系统的各个方面。

储能设备的性能参数是评估其质量和性能的重要依据。这些标准通常包括储能设备的能量密度、功率密度、循环寿命、效率、可靠性、安全性等关键性能指标。例如，对于锂离子电池储能系统，相关标准会规定其初始充放电能量效率、能量转换效率、循环寿命等具体指标。这些标准有助于确保储能设备在实际应用中能够满足预定的性能要求。为了确保储能设备的性能参数符合相关标准，需要制定一系列测试方法标准。这些标准通常包括储能设备的充放电测试、循环寿命测试、安全性能测试等。测试方法标准应详细规定测试条件、测试步骤、测试设备和测试数据的处理方法等，以确保测试结果的准确性和可靠性。

储能系统的安全性是保障电网稳定运行和人员安全的关键。因此，相关标准与规范会对储能系统的安全性进行全面评估。这些标准通常包括储能设备的电气安全、电池安全、机械安全、火灾安全、环境安全等方面的要求。例如，对于锂离子电池储能系统，相关标准会规定其过充保护、过放保护、短路保护等安全保护措施，并规定其在使用过程中的最高温度和最低温度等安全限制条件。储能系统的设计、制造、安装、运行和维护等各个环节都需要严格遵守相关标准与规范。这些标准通常包括储能系统的结构设计、设备选型、电气连接、接地保护、监控系统、安全防护等方面的要求。例如，对于电化学储能电站，相关标准会规定其接入电网的技术要求、运行控制规范、检修试验规程、安全规程等具体内容。

（三）国内外储能技术行业标准与规范的发展现状

储能技术行业标准与规范的发展在全球范围内呈现出蓬勃发展的态势。各国和地区纷纷制定了一系列储能技术行业标准与规范，以推动储能技术的规范化、标准化发展。

国际电工委员会和国际标准化组织等国际组织在储能技术行业标准与规范的制定方面发挥了重要作用。国际电工委员会的TC21技术委员会负责储能电池相关标准的制定工作，已经颁布了一系列储能电池标准文件。国际标准化组织也制定了一系列储能系统相关标准，如ISO 12100《机械安全基本概念和设计通则》等。此外，美国保险商试验所、美国消防协会等组织也制定了一系列储能技术相关标准。国内储能技术行业标准与规范的发展起步较晚，但近年来呈现出快速发展的态势。国家能源局、工信部等部门积极推动储能技术标准体系建立，已经制定了一系列储能技术行业标准与规范。例如，GB/T 34120—2023《电化学储能系统储能变流器技术要求》、GB/T 34133—2023《储能变流器检测技术规程》等标准文件已经正式发布实施。这些标准涵盖了储能系统的各个方面，为储能技术的发展和应用提供了有力的技术支撑。

三、直流配电技术行业标准与规范

直流配电技术作为现代电力系统的重要组成部分，其行业标准和规范的制定与实施对于保障电力供应的安全、可靠、高效具有重要意义。

（一）设备要求

直流配电设备应符合以下要求：

（1）额定电压和额定电流：设备的额定电压和额定电流应符合国家标准和相关行业标准，确保设备在额定工作条件下稳定运行。

（2）过流保护装置：设备的过流保护装置应灵敏、可靠，能够迅速切除短路故障，防止故障扩大。

（3）保护功能：设备应具有防止过电压、欠电压、过载、短路等故障的保护功能，确保设备在异常情况下能够自动保护。

（4）运行状态指示和故障报警：设备应具有运行状态指示和故障报警功能，便于运维人员及时发现和处理问题。

直流配电设备的壳体应符合以下要求：

（1）机械强度和刚度：壳体应具有足够的机械强度和刚度，能够承受正常运行时的振动和冲击。

（2）接地标志和接地装置：壳体应具有明显的接地标志和接地装置，确保设备接地良好，防止触电事故发生。

（二）配电系统要求

直流配电系统应包括以下组成部分：

（1）配电电源：提供直流电能的来源。

（2）测量和计量仪表：用于监测和计量直流配电系统的运行参数。

直流配电系统的设计应符合以下要求：

（1）负荷性质：应根据负荷的性质、用电容量、运行方式等因素进行设计，确保系统能够满足各种负荷的需求。

（2）线路截面和长度：应合理选择配电线路的截面和长度，降低线路损耗，提高系统效率。

（3）开关设备类型和规格：应合理选择配电开关设备的类型和规格，确保设备在额定工作条件下稳定运行。

（4）保护装置配置：应合理配置保护装置，确保系统的安全可靠运行。

（三）技术标准及规范

1. 直流配电电压等级

根据《中低压直流配电电压导则》(GB/T 35727—2017)等标准，直流配电系统应选择合适的电压等级。常见的电压等级包括 DC 750V、DC 375V、DC 48V 等，具体选择应根据负荷容量、配电距离、用电设备发展趋势与产业支撑以及系统安全性等因素综合确定。

2. 直流配电设备技术要求

直流配电设备应符合以下技术要求：

（1）电气性能：包括稳态性能调节精度、损耗、纹波特性等，确保设备在额定工况下的稳定运行。

（2）机械性能：包括设备的结构型式、机械强度和刚度等，确保设备在正常运行和异常情况下均能保持良好的性能。

（3）保护功能：设备应具有防止过电压、欠电压、过载、短路等故障的保护功能，确保设备在异常情况下能够自动保护。

（4）监控功能：设备应具有监控功能，能够实时监测设备的运行状态和参数，便于运维人员及时发现和处理问题。

3. 直流配电系统设计规范

直流配电系统的设计应符合以下规范：

（1）负荷计算：应进行详细的负荷计算，确定系统的电源容量和配电方式。

（2）容量配置：应根据负荷特性和系统要求合理配置电源和储能设备的容量，确保系统在各种工况下均能保持稳定运行。

（3）保护配置：应合理配置保护装置，确保系统在发生故障时能够及时切除故障部分，防止故障扩大。

（4）监测与控制：应建立完善的监测与控制系统，实时监测系统的运行状态和参数，并根据需要进行调节和控制。

4. 直流配电系统安装与验收规范

直流配电系统的安装与验收应符合以下规范：

（1）安装位置：设备的安装位置应符合设计要求，便于操作和维护。设备之间的距离和排列应符合相关标准。

（2）接线规范：设备的接线应规范、整齐、清晰，便于识别和检修。接线端子应连接牢固，避免松动或接触不良等现象。

（3）绝缘检测：在安装完成后应进行绝缘检测，确保系统的绝缘性能符合标准要求。

（4）验收标准：系统验收应按照相关标准和规范进行，确保系统满足设计要求并具备良好的运行性能。

四、柔性用电技术及系统集成相关标准

柔性用电技术及系统集成作为现代电力系统和智能电网的关键组成部分，其相关标准的制定与实施对于保障电力供应的灵活性、可靠性和高效性具有重要意义。

（一）柔性用电技术概述

柔性用电技术是指采用数字化、智能化、自适应等技术手段，实现电力系统中电力生产、储能、输电、用电等环节的灵活互动与优化调度，提高电力系统的可靠性、灵活性和经济性。柔性用电技术的核心在于通过电力电子技术和信息技术对电能进行快速、精确地控制，以适应不同用电需求和电网运行状况的变化。

柔性用电技术的主要应用领域包括：

（1）智能电网：通过智能电表、远程控制技术、数据分析等手段，实现电网与用户之间的双向互动，提高电网的智能化水平和运行效率。

（2）分布式电源：通过柔性用电技术，将分布式电源（如太阳能、风能等）接入电网，实现电能的灵活调度和优化配置。

（3）需求侧管理：通过柔性用电技术，对用户的用电行为进行监测和管理，引导用户合理用电，降低峰谷差，提高电网的稳定性和可靠性。

（二）系统集成概念

系统集成是指通过结构化的综合布线系统和计算机网络技术，将各个分离的设备、功能和信息等集成到相互关联的、统一和协调的系统之中，使资源达到充分共享，实现集中、高效、便利的管理。系统集成技术包括网络集成、功能集成、软件界面集成等多种集成技术。

系统集成的关键在于解决系统之间的互联和互操作性问题，确保各个子系统能够协同工作，实现整体性能的最优化。系统集成不仅涉及技术层面的整合，还包括管理、商务等方面的综合考虑，是一项综合性的系统工程。

（三）柔性用电技术及系统集成相关标准

柔性用电技术及系统集成作为新兴领域，其相关标准的制定和实施对于推动技术进步和应用推广具有重要意义。

《分布式电源与电力系统互联标准》规定了分布式电源与电力系统互联的技术要求和测试方法，为分布式电源接入电网提供了重要的技术参考。该标准涵盖了分布式电源的性能要求、保护要求、控制要求等多个方面，为柔性用电技术在分布式电源领域的应用提供了指导。

《变电站通信网络和系统》规定了变电站通信网络和系统的技术要求，为变电站自动化系统的设计和实施提供了统一的标准。该标准采用面向对象的方法，定义了变电站内各种设备和功能的信息模型，为实现变电站内各种设备之间的互操作和信息共享提供了基础。柔性用电技术在变电站自动化系统中的应用也需要遵循该标准的相关要求。

《智能电网用户端能源管理系统通用技术要求》规定了智能电网用户端能源管理系统的技术要求、功能要求、性能要求等，为智能电网用户端能源管理系统的设计和实施提供了指导。该标准涵盖了能源数据采集、数据处理、能源监测、能源调度等多个方面，为柔性用电技术在用户端能源管理系统中的应用提供了技术支持。

《智能电网用户端设备与系统通信协议》规定了智能电网用户端设备与系统之间的通信协议，为智能电网用户端设备与系统之间的信息交互提供了统一的标准。该标准采用面向对象的方法，定义了智能电网用户端设备与系统之间的信息模型和信息交换格式，为实现智能电网用户端设备与系统之间的互操作和信息共享提供了基础。柔性用电技术在智能电网用户端设备与系统之间的应用也需要遵循该标准的相关要求。

《智能电网用户端能源管理系统功能规范》规定了智能电网用户端能源管理系统的功能要求，包括能源数据采集、数据处理、能源监测、能源调度等多个方面。该标准为用户端能源管理系统的设计和实施提供了指导，也为柔性用电技术在用户端能源管理系统中的应用提供了技术支持。

在系统集成方面，虽然没有专门针对柔性用电技术及系统集成的标准，但一些通用的系统集成标准如《信息安全管理体系要求》《信息技术服务管理体系要求》等也可以为柔性用电技术及系统集成的实施提供指导和参考。这些标准涵盖了系统集成过程中的信息安全、服务质量等方面，有助于确保系统集成项目的顺利实施和长期稳定运行。

此外，随着柔性用电技术及系统集成技术的不断发展和应用推广，未来还将会有更多的相关标准出台。这些标准将涵盖更广泛的应用领域和技术细节，为柔性用电技术及系统集成的进一步发展提供有力的支持和保障。

第三节　政策与标准对光储直柔技术推广的促进作用

一、政策引导下光储直柔技术推广的市场需求增长

在全球能源结构转型与环境保护意识日益增强的背景下，光储直柔技术作为一种创新的能源利用方式，正逐步成为市场关注的焦点。该技术通过光伏等可再生能源发电、储能、直流配电及柔性用电，构建了一种适应"碳中和"目标需求的新型建筑配电系统。随着各国政府政策的积极引导与支持，光储直柔技术市场需求呈现出快速增长的态势。

（一）政策引导：推动光储直柔技术发展的强大动力

近年来，全球各国政府纷纷出台政策支持可再生能源的发展，光储直柔技术作为连接可再生能源与终端用户的关键桥梁，得到了政策层面的高度关注。

1. 政策引导

国家层面：我国对光储直柔技术的推广给予了高度重视。工信部公开征求对《新型储能制造业高质量发展行动方案(征求意见稿)》的意见，旨在推动储能行业的高质量发展。此外，国家能源局积极引导各地科学建设并合理调用新型储能，推动光储直柔技术在电力系统中的应用。

地方层面：广州市工业和信息化局印发《广州市推进新型储能产业园区建设实施方案》，明确了光储直柔产业发展的目标和时间表。北京、辽宁、上海、重庆等地也先后发布相关方案，推动新型储能技术的发展和应用。

2. 国际政策引导

欧盟：欧盟提出了"绿色新政"，旨在到2050年实现碳中和。该政策框架鼓励成员国大力发展可再生能源，推动光储直柔技术在建筑、交通等领域的广泛应用。

美国：美国政府提出了"清洁能源计划"，旨在减少温室气体排放，提高能源效率。该计划支持光伏、储能等清洁能源技术的发展，为光储直柔技术的推广提供了有力支持。

（二）市场需求增长：光储直柔技术应用的广阔前景

随着政策的积极引导和技术的不断进步，光储直柔技术市场需求呈现出快速增长的态势。

1. 建筑领域

（1）绿色建筑需求：随着全球对绿色、低碳、节能产品的需求日益增长，光储直柔技术作为实现建筑碳中和的有效解决方案，得到了广泛应用。智能建筑、零碳建筑等概念的提出，进一步推动了光储直柔技术在建筑领域的应用。

（2）农村市场潜力：农村地区拥有丰富的可安装光伏的屋顶资源，光储直柔技术通过光伏发电和储能系统的结合，为农村地区提供了稳定、可靠的电力供应，同时降低了用电成本，具有巨大的市场潜力。

2. 交通领域

（1）电动汽车充电基础设施：随着电动汽车的普及，充电基础设施的建设成为重要课题。光储直柔技术通过光伏发电和储能系统的结合，为电动汽车提供了便捷的充电服务，同时降低了对电网的依赖。

（2）公共交通系统：光储直柔技术还可以应用于公共交通系统，如公交车充电站、地铁供电系统等，提高能源利用效率，降低运营成本。

3. 工业领域

（1）工业园区微电网：光储直柔技术可以应用于工业园区微电网，通过光伏发电和储能系统的结合，实现园区的能源自给自足，降低用电成本，提高能源利用效率。

（2）高耗能企业：对于高耗能企业而言，光储直柔技术通过光伏发电和储能系统的结合，可以降低企业的用电成本，提高能源利用效率，同时减少对传统能源的依赖。

（三）技术革新：推动光储直柔技术发展的关键因素

技术革新是推动光储直柔技术发展的关键因素。近年来，光储直柔技术在光伏转换效率、储能技术、直流配电及柔性用电等方面取得了显著进步。

1. 光伏技术

随着光伏技术的不断进步，高效光伏组件的研发和应用成为主流。这些组件具有更高的光电转换效率、更低的成本和更长的使用寿命，为光储直柔技术的发展提供了有力支持。

建筑光伏一体化技术将光伏组件与建筑材料相结合，实现了光伏发电与建筑外观的完美结合。该技术不仅提高了光伏发电的效率，还美化了建筑外观，为光储直柔技术在建筑领域的应用提供了更多可能性。

2. 储能技术

锂离子电池储能技术是目前应用最广泛的储能技术之一。随着锂离子电池成本的下降和能量密度的提升，锂离子电池储能系统在光储直柔技术中的应用越来越广泛。

除了锂离子电池储能技术外，压缩空气储能、飞轮储能、重力储能等新型储能技术也在不断发展。这些新型储能技术具有更高的能量密度、更长的使用寿命和更低的环境影响，为光储直柔技术的发展提供了更多选择。

3. 直流配电及柔性用电

直流配电技术简化了电力传输与分配过程，减少了转换损耗，提高了系统效率。在光储直柔技术中，直流配电技术可以实现光伏发电与储能系统的无缝对接，提高能源利用效率。

柔性用电技术使建筑能够根据电网需求和电价波动智能调整自身的发电、用电和储能策略。该技术通过双向充电设施与电动汽车等进行能量交换，实现能源的优化配置和管理。

二、标准规范下的光储直柔技术推广的技术发展与产品优化

在全球能源结构转型与环境保护意识日益增强的背景下，光储直柔技术作为一种创新的能源解决方案，正逐步成为市场关注的焦点。该技术集光伏发电、储能、直流配电和柔性控制于一体，旨在提高能源利用效率、减少碳排放，并推动能源系统的智能化与绿色化。随着标准规范的建立与不断完善，光储直柔技术的推广迎来了新的发展机遇，同时也对其技术发展与产品优化提出了更高要求。

（一）标准规范的建立与完善

标准规范的建立与完善是光储直柔技术推广的重要基础。通过制定统一的技术标准、安全规范及测试方法，可以确保光储直柔系统的性能、安全性和可靠性，降低投资风险，推动市场的健康发展。

国际电工委员会、国际标准化组织等国际机构正逐步制定和完善光储直柔技术的相关标准。这些标准涵盖了光伏组件、储能系统、直流配电设备、柔性控制技术等关键环节，为光储直柔技术的国际化推广提供了技术支撑。中国政府高度重视光储直柔技术的标准化工作，已发布了一系列相关标准。这些标准涵盖了光储直柔系统的设计、安装、调试、运行及维护等全生命周期，为光储直柔技术的国内推广提供了技术保障。

随着光储直柔技术的不断发展，行业协会、科研机构和企业也开始制定行业标准，以推动技术的规范化应用。这些标准通常更加具体、实用，能够更好地满足市场需求。

（二）技术发展与产品优化

在标准规范的引导下，光储直柔技术正逐步向高效、智能、安全、可靠的方向发展。同时，随着市场需求的变化，光储直柔产品也在不断优化升级，以满足不同场景下的应用需求。

1. 光伏技术的发展与优化

随着光伏技术的不断进步，高效光伏组件的研发和应用成为主流。这些组件具有更高的光电转换效率、更低的成本和更长的使用寿命，能够有效提高光储直柔系统的发电能力。

建筑光伏一体化技术将光伏组件与建筑材料相结合，实现了光伏发电与建筑外观的完美结合。通过不断优化建筑光伏一体化产品的设计、材料和制造工艺，可以进一步提高其性能、安全性和美观性。

2. 储能技术的突破与升级

锂离子电池储能技术是目前应用最广泛的储能技术之一。通过优化电池材料、提高能量密度、延长循环寿命和降低成本，锂离子电池储能系统将在光储直柔技术中发挥更加重要的作用。

除了锂离子电池储能技术外，压缩空气储能、飞轮储能、液流电池等新型储能技术也在不断发展。这些新型储能技术具有更高的能量密度、更长的使用寿命和更低的环境影响，有望为光储直柔技术带来新的发展机遇。

3. 直流配电技术的创新与应用

随着直流配电技术的不断发展，高效直流配电系统已成为光储直柔技术的关键组成部分。通过优化直流配电系统的设计、提高转换效率、降低损耗和增强可靠性，可以进一步提高光储直柔系统的能源利用效率。

智能直流微电网是光储直柔技术的重要应用方向之一。通过集成光伏组件、储能系统、直流配电设备和柔性控制技术等关键环节，智能直流微电网可以实现分布式能源的灵活接入和高效利用，为建筑、园区、公共设施等提供绿色、可靠的电力供应。

4. 柔性控制技术的智能化与自适应

随着人工智能、大数据等先进技术的不断发展，智能柔性控制算法已成为光储直柔技术的核心竞争力之一。通过优化控制算法、提高响应速度和精度、增强自适应能力，可以实现光储直柔系统的智能化管理和优化运行。

针对不同场景下的应用需求，光储直柔技术需要提供多样化的解决方案。例如，在建筑领域，光储直柔系统需要满足建筑用电负荷的多样性、波动性和不确定性；在交通领域，光储直柔系统需要满足电动汽车充电站的快速响应和高效利用需求。

（三）产品优化与市场应用

在标准规范的引导下，光储直柔产品正逐步向高效、智能、安全、可靠的方向发展。同时，随着市场需求的变化，光储直柔产品也在不断优化升级，以满足不同场景下的应用需求。

1. 产品性能的提升

通过优化产品设计、提高材料性能和制造工艺水平，光储直柔产品的发电效率、储能能力、转换效率和可靠性得到了显著提升。

随着智能控制技术的不断发展，光储直柔产品正逐步实现智能化管理和自适应调节。通过集成传感器、控制器和执行器等关键部件，光储直柔产品可以根据环境变化和用户需求进行自动调整和优化运行。

2. 产品成本的降低

随着光储直柔技术的不断成熟和市场规模的不断扩大，光储直柔产品的生产成本正在逐步降低。通过规模化生产、优化供应链管理和提高生产效率等措施，光储直柔产品的价格将更加亲民，有助于推动市场的广泛应用。

通过技术创新和替代材料的应用，光储直柔产品的成本有望进一步降低。例如，新型光伏组件和储能材料的研发可以降低材料成本；优化生产工艺和流程可以降低制造成本；提高产品性能和可靠性可以降低维护成本。

3. 市场应用的拓展

随着绿色建筑和零碳建筑的快速发展，光储直柔技术将在建筑领域得到广泛应用。通过集成光伏组件、储能系统、直流配电设备和柔性控制技术等关键环节，光储直柔技术可以为建筑提供绿色、可靠的电力供应，降低建筑能耗和碳排放。随着电动汽车的普及和充电基础设施的建设，光储直柔技术将在交通领域发挥重要作用。通过为电动汽车充电站提供绿色、高效的电力供应和储能解决方案，光储直柔技术可以推动电动汽车产业的发展和普及。

在工业领域，光储直柔技术可以应用于工业园区微电网、高耗能企业等场景。通过集成光伏组件、储能系统、直流配电设备和柔性控制技术等关键环节，光储直柔技术可以为工业园区和高耗能企业提供绿色、可靠的电力供应和储能解决方案，降低企业用电成本和碳排放。

三、政策与标准对光储直柔技术创新与产业升级的推动

在全球应对气候变化和推动能源结构转型的背景下，光储直柔技术作为一种集光伏发电、储能、直流配电和柔性控制于一体的创新能源解决方案，正逐渐成为推动绿色低碳发展的重要力量。政策与标准作为技术创新与产业升级的重要驱动力，对光储直柔技术的发展起到了至关重要的作用。

（一）政策引导：为光储直柔技术创新与产业升级提供方向

政策引导是光储直柔技术创新与产业升级的先决条件。通过制定和实施一系列有利于光储直柔技术发展的政策措施，政府可以为该领域的技术创新和产业升级提供明确的方向和支持。

国家战略规划在光储直柔技术创新与产业升级中起到了引领作用。例如，我国提出的"碳达峰、碳中和"目标，为光储直柔技术的发展提供了明确的方向和目标。为实现这一目标，国家出台了一系列政策措施，如《2030年前碳达峰行动方案》和《智能光伏产业创新发展行动计划》等，明确提出了支持光储直柔技术创新与应用的具体举措。财政补贴与税收优惠是激励光储直柔技术创新与产业升级的重要手段。通过给予光储直柔项目一定的财政补贴和税收减免，可以降低企业的投资成本，提高其市场竞争力。例如，安徽芜湖发布《关于加快光伏发电项目建设的若干政策措施的通知》，对储能项目给予0.3元/kW·h的补贴，补贴年限为3年；深圳市宝安区人民政府印发《宝安区关于促进新能源产业高质量发展若干措施的通知》，对储能项目给予200元/kW·h的补贴，最高补贴300万元。这些政策措施有效激发了企业投资光储直柔项目的积极性，推动了该领域的技术创新和产业升级。

市场准入与监管是保障光储直柔技术创新与产业升级有序进行的重要环节。通过制定和实施严格的市场准入标准和监管政策，可以确保光储直柔产

品的质量和安全性能，维护市场秩序和消费者权益。例如，北京市城市管理委员会等部门印发的《北京市新型储能电站建设管理办法（试行）》，明确了新型储能电站的规划、备案、审批、设计、施工、验收等有关工作要求和标准，为光储直柔技术的市场准入和监管提供了有力保障。

（二）标准制定：为光储直柔技术创新与产业升级提供规范

标准制定是光储直柔技术创新与产业升级的重要保障。通过制定和实施一系列有利于光储直柔技术发展的标准规范，可以为该领域的技术创新和产业升级提供明确的技术要求和测试方法，推动其规范化、标准化发展。国际标准的制定为光储直柔技术的国际化发展提供了有力支撑。这些国际标准的制定，有助于推动光储直柔技术的全球化应用和交流合作。

国家标准的制定为光储直柔技术的国内推广提供了重要保障。我国高度重视光储直柔技术的标准化工作，已发布了一系列相关标准。这些标准涵盖了光储直柔系统的设计、安装、调试、运行及维护等全生命周期，为光储直柔技术的国内推广提供了技术支撑。例如，我国建筑节能协会发布的《建筑光储直柔系统评价标准》，为光储直柔系统的性能指标测试和等级评定提供了明确依据。行业标准的制定为光储直柔技术的规范化应用提供了有力保障。行业协会、科研机构和企业正逐步制定和完善光储直柔技术的行业标准，涵盖了产品性能、安全性能、测试方法等方面。这些行业标准的制定，有助于推动光储直柔技术的规范化应用和市场健康发展。

（三）技术创新：为光储直柔技术创新与产业升级提供动力

技术创新是光储直柔技术创新与产业升级的核心驱动力。通过不断推动光伏组件、储能系统、直流配电设备和柔性控制技术等关键环节的技术创新，可以提高光储直柔系统的性能、降低成本、提高可靠性，推动其产业升级和广泛应用。光伏组件是光储直柔系统的核心部件之一。通过不断优化光伏组件的材料、结构和工艺，可以提高其光电转换效率、降低成本、提高可靠性。例如，隧穿氧化层钝化接触、异质结、背接触等N型高效光伏电池片技术的研制和突破，以及钙钛矿电池、晶硅薄膜叠层电池等下一代技术的研发创新，为光储直柔系统的性能提升提供了有力支撑。

储能系统是光储直柔系统的另一个核心部件。通过不断优化储能系统的材料、结构和工艺，可以提高其能量密度、循环寿命和安全性。例如，锂离子电池储能技术的研发创新，以及钠离子电池储能、液流电池储能、氢储能等技术攻关，为光储直柔系统的储能能力提升提供了有力保障。直流配电设备与柔性控制技术是光储直柔系统的重要组成部分。通过不断优化直流配电设备的性能、提高转换效率、降低成本，以及研发智能柔性控制算法，可以实现光储直柔系统的智能化管理和优化运行。例如，智能直流微电网的研发应用，以及基于大数据和人工智能的柔性控制技术的研发创新，为光储直柔系统的智能化管理和优化运行提供了有力支撑。

（四）产业升级：为光储直柔技术创新与产业升级提供支撑

产业升级是光储直柔技术创新与产业升级的必然结果。通过推动光储直柔产业链的协同发展、提高产业集聚度和竞争力、拓展应用场景和市场空间，可以促进光储直柔技术的产业升级和广泛应用。

产业链协同发展是光储直柔产业升级的重要支撑。通过推动光伏组件、储能系统、直流配电设备、柔性控制技术等关键环节的协同发展，可以形成完整的产业链体系，提高产业集聚度和竞争力。例如，安徽省工业和信息化厅会同省委金融办、省发展改革委、省科技厅、省教育厅、省人力资源和社会保障厅等5部门联合印发《安徽省先进光伏和新型储能产业创新能力提升行动方案（2024—2027年）》，明确了光储直柔产业链协同发展的目标和任务。

产业集聚度与竞争力的提升是光储直柔产业升级的重要标志。通过推动光储直柔产业集群建设、提高产业集聚度和竞争力，可以形成规模效应和品牌效应，降低生产成本和提高市场占有率。例如，安徽芜湖发布《关于加快光伏发电项目建设的若干政策措施的通知》，鼓励利用未利用地和存量建设用地发展光伏发电产业，继续支持储能项目建设，为光储直柔产业的集聚度和竞争力提升提供了有力支撑。应用场景与市场空间的拓展是光储直柔产业升级的重要方向。通过不断拓展光储直柔技术在建筑、交通、工业等领域的应用场景和市场空间，可以推动其产业升级和广泛应用。例如，深圳市住房和建设局发布《关于开展2024年度光伏建筑一体化和"光储直柔"建筑试点项目申报的通知》，为光储直柔技术在建筑领域的应用推广提供了有力支持。

第四章 光储直柔在建筑电气节能中的应用原理

第一节 光伏发电在建筑电气中的应用原理

一、光伏发电系统的工作原理

光伏发电系统,作为一种利用太阳光能直接转化为电能的技术,近年来在全球能源转型和绿色低碳发展中扮演了重要角色。其工作原理基于半导体的光电效应,特别是光生伏特效应。

(一)光伏发电的基本原理

光伏发电的基本原理是光生伏特效应,即当光线照射到半导体材料(通常是硅)上时,光子能量被半导体中的电子吸收,导致电子从价带跃迁到导带,形成自由电子和空穴对。这些自由电子和空穴在半导体材料内部电场的作用下分离,并在外部电路中形成电流。

具体来说,光伏发电过程可以分为以下几个步骤:

(1)光子吸收:当太阳光照射到半导体材料(如硅)上时,光子被半导体中的电子吸收。

(2)电子跃迁:吸收光子能量的电子从价带跃迁到导带,形成自由电子和空穴对。

(3)电荷分离:在半导体材料内部电场的作用下,自由电子和空穴分离,并在半导体两侧积累,形成电势差。

(4)电流产生:当外部电路连接半导体材料两侧时,电子和空穴在电场的作用下流动，形成电流。

（二）关键元件：太阳能电池

太阳能电池是光伏发电系统的核心元件，它基于半导体的光电效应将太阳光能直接转化为电能。太阳能电池主要由硅材料制成，分为单晶硅、多晶硅和非晶硅三种类型。

（1）单晶硅太阳能电池：单晶硅太阳能电池具有较高的光电转换效率和较长的使用寿命，但制造成本较高。其光电转换率一般在15%到20%之间，最高可达到24%。

（2）多晶硅太阳能电池：多晶硅太阳能电池的光电转换率略低于单晶硅太阳能电池，一般在14%到17%之间，但其制造成本较低，因此应用广泛。

（3）非晶硅太阳能电池：非晶硅太阳能电池的光电转换率较低，一般在6%到8%之间，但其制造成本低、易于大规模生产，适用于一些低成本应用场合。

（三）光伏发电系统的组成

光伏发电系统主要由太阳电池板（组件）、控制器、逆变器、蓄电池及其他配件组成。这些组件协同工作，将太阳光能直接转化为电能，并供给负载使用或并入电网。

太阳电池板是光伏发电系统的核心部分，由多个太阳能电池串联或并联组成，形成大面积的太阳能电池方阵。太阳电池板将太阳光能转化为直流电能。控制器主要用于保护蓄电池，防止其过充电和过放电。控制器还可以监测光伏发电系统的工作状态，确保系统稳定运行。逆变器将太阳电池板产生的直流电转换为交流电，以供负载使用或并入电网。逆变器分为独立运行逆变器和并网逆变器两种类型。蓄电池用于储存光伏发电系统产生的电能，以便在光照不足或夜间使用。常见的蓄电池类型包括铅酸蓄电池、胶体蓄电池和碱性镍镉蓄电池等。

（四）光伏发电系统的能量转换过程

太阳电池板吸收太阳光能，光子能量被半导体中的电子吸收，导致电子跃迁并形成自由电子和空穴对。在半导体材料内部电场的作用下，自由电子和空穴分离，并在太阳电池板两侧积累，形成电势差。当外部电路连接太阳电池板时，电子和空穴在电场的作用下流动，形成电流。

太阳电池板产生的直流电能通过导线输送到控制器。控制器监测并调节电流和电压，以保护蓄电池并确保系统稳定运行。如果光伏发电系统配置了蓄电池，控制器会将多余的电能储存到蓄电池中。当需要用电时，蓄电池中的电能通过逆变器转换为交流电，以供负载使用或并入电网。逆变器将直流电转换为交流电，以供负载使用或并入电网。并网光伏发电系统还可以将多余的电能供给电网，实现电能的回收和利用。

二、光伏发电与建筑一体化的设计原则

光伏发电与建筑一体化（Building Integrated Photovoltaics，以下简称BIPV）是将光伏发电系统直接集成到建筑物的结构中的一项技术，旨在实现电力自给自足和节能减排。BIPV不仅融合了光伏发电技术与建筑材料，还通过直接将光伏组件集成到建筑结构中，实现了能源生产与建筑功能的完美结合。BIPV的设计需要遵循一系列原则，以确保其美观性、高效性、经济性、安全性、技术性和环保性。

BIPV设计首先要考虑的是与建筑整体风格的协调统一。光伏组件的安装方式和安装角度需要与建筑整体密切配合，以保证建筑整体的美观性。这要求设计者在选择光伏组件时，不仅要考虑其发电效率，还要考虑其外观和材质是否与建筑物相协调。例如，太阳能瓦片的设计就力求外观与普通瓦片无异，能够完美融入屋顶设计。此外，BIPV系统还可以根据建筑风格定制彩色光伏板，虽然效率略有降低，但为建筑设计提供了更多可能性。BIPV系统的高效性主要体现在光伏组件的发电效率上。为了增加光伏阵列的输出能量，应让光伏组件接受太阳辐射的时间尽可能长，避免周围建筑对光伏组件的遮挡，并且要避免光伏组件之间相互遮光。因此，在设计BIPV系统时，需要对建筑物的光照条件进行详细分析，选择最佳的安装位置和角度。同时，光伏组件的选择也至关重要，高效率的单晶硅电池和薄膜电池都是不错的选

择。此外，BIPV 系统还需要从光伏发电技术的角度考虑相应的设计方案，以实现电量输出最大化。

BIPV 设计需要充分考虑经济性，以降低建设和运营成本。首先，应将光伏组件与建筑围护结构相结合，取代部分常规建材，从而降低材料成本。其次，从光伏组件到接线箱、接线箱到逆变器以及从逆变器到并网交流配电柜的电力电缆应尽可能短，以减少线路损耗。最后，BIPV 系统还可以通过自给自足的发电方式减少电力购买和运营成本。随着技术的进步和规模化生产，BIPV 的成本正逐步降低，其经济性将进一步提高。BIPV 设计需要确保系统的安全性和稳定性。光伏组件与建筑结合方式需要严谨设计，结合方式需要有较高的可靠度。光伏组件的布设应保证建筑原有效果、结构安全、功能和使用寿命，不应对建筑物本身造成损害和不良影响。建筑物的使用寿命远远大于 BIPV 系统的寿命，这就要求 BIPV 系统在其设计生命周期内能安全、稳定地运行，尽量避免由于设备和安装原因造成故障和危险。此外，BIPV 的系统组件必须标准化，以便于在系统的日常运行过程中进行保养和维修。

BIPV 设计需要充分考虑技术性因素，以确保系统的正常运行和高效发电。BIPV 系统除了充当建筑构件外，其另一个重要的职能便是光电转化。在保证 BIPV 系统实现其建筑属性的同时，也要保证实现光伏发电系统的电量输出最大化。这要求设计者在选择光伏组件时，不仅要考虑其外观和材质，还要考虑其发电效率和稳定性。同时，BIPV 系统还需要配置相应的配套设备，如蓄电池、逆变器、电流控制箱、系统监控保护设备等，以确保系统的正常运行和高效发电。BIPV 设计需要充分考虑环保性，以实现节能减排和可持续发展。BIPV 技术利用太阳能进行发电，不消耗任何燃料，不产生污染物，对环境无害。通过自给自足的发电方式，BIPV 系统可以有效减少对传统能源的依赖，降低碳排放，助力绿色环保。此外，BIPV 系统还可以与建筑的其他环保措施相结合，如绿色屋顶、雨水收集系统等，以进一步提高建筑物的环保性能。

BIPV 设计需要充分考虑其灵活性和适应性，以适应不同建筑物和环境的需求。BIPV 技术具有灵活性，可以根据建筑物的形状和大小进行定制，适应各种环境。无论是家庭、商业建筑还是公共设施，都可以通过BIPV实现绿色能源的目标。此外，BIPV系统还可以与建筑的其他功能相结合，如遮阳、围栏、瓦片、嵌入、窗间、采光、壁挂、百叶式等应用形式，以进一步提高建筑物的整体性能和舒适度。BIPV设计需要遵循一体化设计原则，即将光伏发电系统与建筑物作为一个整体进行设计。这要求设计者在设计之初就对建筑物的光照条件、建筑结构、使用功能、用电负荷等情况进行综合考虑，结合建筑外观、结构安全、并网条件、发电效率、运行维护等因素进行设计。一体化设计原则有助于确保BIPV系统与建筑物之间的协调统一，提高系统的整体性能和美观性。

BIPV设计还需要考虑系统的长期运行与维护。BIPV系统的寿命较长，但也需要定期进行保养和维修以确保其正常运行和高效发电。因此，在设计BIPV系统时，需要考虑到系统的可维护性和易维护性。例如，BIPV系统的组件应标准化，以便于在系统的日常运行过程中进行保养和维修。此外，BIPV系统还应配置相应的监控和保护设备，以便及时发现和处理系统故障。BIPV设计还需要遵循相关的政策和法规。随着绿色建筑和可持续城市发展的理念日益受到重视，各国政府纷纷出台了一系列政策和法规来推动BIPV技术的发展和应用。设计者在设计BIPV系统时，需要充分了解并遵循这些政策和法规，以确保系统的合法性和合规性。

三、光伏发电在建筑中的布局与安装要求

随着全球对可再生能源的日益重视，光伏发电在建筑领域的应用越来越广泛。光伏发电系统不仅能为建筑提供清洁的电力，还能减少对传统能源的依赖，实现节能减排的目标。然而，光伏发电在建筑中的布局与安装需要严格遵循一系列要求和规范，以确保系统的安全、高效和美观。

（一）光伏发电在建筑中的布局设计

光伏发电在建筑中的布局设计是系统安装前的重要步骤，它直接关系到系统的发电效率和安全性。布局设计需要考虑建筑物的结构、光照条件、周

边环境、用电需求等多个因素。

  光伏发电系统的布局应与建筑物的结构相协调。对于平屋顶建筑，光伏组件可以平铺或按照一定倾角安装；对于坡屋顶建筑，光伏组件可以顺坡架空安装或嵌入屋顶结构中。此外，还需要考虑建筑物的承重能力，确保光伏组件和支架的重量不超过屋顶的承载极限。光照条件是影响光伏发电效率的关键因素。在进行布局设计时，需要充分考虑建筑物的朝向、周围遮挡物、太阳高度角等因素，确保光伏组件能够接收到充足的光照。一般来说，朝南的屋顶发电量最高，但向东或向西稍微偏一点也可以考虑，只要发电量损失在合理范围内。

  周边环境对光伏发电系统的布局也有重要影响。需要避免建筑物、树木、电线杆等遮挡物对光伏组件产生阴影遮挡，影响发电效率。同时，还需要考虑光伏组件对周围环境的影响，避免光污染等问题。光伏发电系统的布局还需要考虑建筑物的用电需求。根据建筑物的用电负荷和用电时间，合理规划光伏组件的安装数量和分布位置，确保系统能够满足建筑物的用电需求。

（二）光伏发电在建筑中的安装要求

  光伏发电在建筑中的安装要求非常严格，需要遵循一系列规范和标准，以确保系统的安全、高效和美观。

  光伏组件应安装在建筑物的屋顶、墙面等合适位置，确保能够接收到充足的光照。安装位置应避免阴影遮挡和高温热岛效应的影响。同时，还需要考虑光伏组件对周围环境的影响，避免光污染等问题。光伏组件的安装倾角应根据当地纬度、季节变化、太阳高度角等因素进行合理设置。一般来说，安装倾角应接近当地纬度角，以便最大化接收阳光。对于坡屋顶建筑，光伏组件可以顺坡架空安装，安装倾角与屋顶坡度一致。

  支架系统是支撑光伏组件的重要结构，其设计和安装需要严格遵循相关规范和标准。支架系统应具有足够的强度和稳定性，能够承受光伏组件和支架自身的重量以及风、雪等自然载荷。同时，支架系统还应具有良好的防腐、防锈性能，以延长使用寿命。光伏发电系统的电气系统包括电缆、逆变器、配电箱等设备。电缆的敷设应遵循相关电气规范，确保安全可靠。逆变器应选择高效、稳定、可靠的产品，并安装在通风良好的场所。配电箱应设置在易于操作和维护的位置，并配备相应的保护措施。

光伏发电系统的安装应充分考虑安全防护措施。光伏组件、支架系统和电气系统均应设置防雷、接地等保护措施，以确保系统的安全运行。同时，还需要设置必要的安全警示标识和操作说明，提醒操作人员注意安全。

（三）光伏发电在建筑中安装的注意事项

光伏发电在建筑中的安装需要注意以下几个方面的问题，以确保系统的顺利运行和长期使用。

在光伏组件安装过程中，需要对屋顶进行防水处理，避免光伏组件安装导致漏水问题。防水处理可以采用防水卷材、防水涂料等材料，确保屋顶具有良好的防水性能。光伏组件在运行过程中会产生一定的热量，需要通过通风散热来降低温度，提高发电效率。在安装过程中，需要确保光伏组件周围有足够的通风空间，避免热量积聚导致组件损坏。

光伏发电系统需要定期进行维护保养，以确保系统的正常运行和延长使用寿命。维护保养内容包括清洁光伏组件、检查支架系统、检查电气系统等。在维护过程中，需要遵循相关规范和标准，确保操作安全可靠。在安装完成后，需要对光伏发电系统进行合规性检查，确保系统符合相关规范和标准的要求。合规性检查内容包括电气安全、防雷接地、支架稳定性等方面。只有通过合规性检查的系统才能投入使用。光伏发电系统在运行过程中需要进行实时监测和评估，以便及时发现和解决问题。监测与评估内容包括发电量、发电效率、系统运行状态等方面。通过监测与评估，可以不断优化系统的运行参数，提高发电效率和经济效益。

第二节 储能技术在建筑电气节能中的作用

一、储能技术的基本功能与特点

储能技术,作为现代能源管理的重要组成部分,是指将能量通过某种方式储存起来,在需要时释放以供使用的技术。这一技术不仅涉及电能的存储与调配,还涵盖了多种能量形式的转换与储存,如化学能、重力势能、电势能、热能等。储能技术的基本功能与特点,对于理解其在能源系统中的角色和未来发展至关重要。

(一)储能技术的基本功能

储能系统能够在电力需求低的时候储存电能,在电力需求高时释放电能,这一过程被称为"削峰填谷"。这不仅有助于减轻电网的波动,还能提高整体的电力供应稳定性。储能系统在电力需求波动较大的情况下,能够有效平衡电网负荷,确保能源的高效利用。通过储能技术,电网可以在负荷低谷时收集多余的电能,在高峰期间释放这些储存的能量,从而优化电力资源配置。

储能系统能够存储难以储存的能量形式,如间歇性的太阳能和风能,并在需要时释放这些能量,从而提高能源的利用效率。这对于可再生能源的整合和利用具有重要意义。储能技术使得微网和分布式能源系统更加可行,为用户提供更多的能源选择和更好的供电保障。通过储能系统,微网和分布式能源可以在电力需求波动时进行调节,提高系统的稳定性和可靠性。储能系统还可以作为应急电源,在电网故障或停电时提供电力支持,确保关键设备的不间断供电。这对于医院、数据中心等供电可靠性要求较高的场所尤为重要。

(二)储能技术的特点

储能技术根据其储存介质和转换方式的不同,具有多种不同的特点。

1. 电化学储能技术

电化学储能技术，如锂离子电池、钠硫电池、锌空气电池等，利用化学反应将化学能转化为电能，并在需要时将电能转化为化学能。这些技术通常具有较高的能量密度和循环寿命，适用于小型移动设备和电动汽车等应用。

电化学储能技术具有较高的能量密度，能够在较小的体积和重量下储存大量的电能。这使得电化学储能技术在便携式设备和电动汽车等领域具有广泛应用。尽管电化学储能技术具有许多优点，但其成本仍然相对较高，尤其是对于一些新型电池技术而言。此外，电化学储能技术的循环寿命和安全性也是需要关注的问题。

2. 物理储能技术

抽水蓄能是利用水的重力势能进行能量储存的技术。它通过在电网负荷低谷时用电能将水抽到高处的水库，在负荷高峰时放水推动水轮机发电。抽水蓄能技术具有容量大、效率高、寿命长等优点，是目前技术最成熟、应用最广泛的电力储能技术。然而，其应用受地理条件的限制，需要建造水库和水坝。

压缩空气储能利用过剩电力将空气压缩并储存在一个地下的结构（如地下洞穴）中，当需要时再将压缩空气与天然气混合燃烧膨胀以推动燃气轮机发电。这种技术具有容量大、寿命长等优点，但同样受地理条件限制，且需要燃气轮机配合。

飞轮储能利用电动机带动飞轮高速旋转，将电能转化为机械能存储起来。在需要时，飞轮带动发电机发电。飞轮储能具有寿命长、无污染、维护量小等优点，但能量密度较低，可作为蓄电池系统的补充。

3. 热储能技术

蓄热技术是将能量以热的形式储存起来，如熔盐储能。蓄热技术具有储能密度高、转化效率较高等优点，适用于建筑等小规模应用。然而，其存储和转换过程中存在能量损失，需要特定的工作介质。氢能源通过化学反应将能量转化为化学能，并在需要时将化学能转化为电能或热能。氢能源具有能量密度高、清洁环保等优点，但设备成本较高，且安全性问题需要重视。超导储能利用超导体制成线圈储存磁场能量，具有响应速度快、转换效率高、比容量/比功率大等优点。然而，超导电磁储能设备复杂、成本高昂，且需要维持系统低温，维修频率较高。

二、储能系统在建筑电气中的配置策略

储能系统在建筑电气中的配置策略，是确保建筑能源系统高效运行、提高能源利用效率和实现可持续发展的重要环节。随着可再生能源的快速发展和智能电网的不断完善，储能系统在建筑中的应用越来越广泛。合理配置储能系统，不仅能够有效平衡建筑电力供需，降低能耗成本，还能提高建筑能源供应的可靠性和稳定性。

（一）储能系统配置的基本原则

储能系统的配置应根据建筑的实际能源需求来确定。这包括建筑的电力负荷特性、可再生能源的发电特性以及电网的供电情况等。通过精确分析建筑能源需求，合理配置储能系统，可以最大限度地发挥储能系统的效益。储能系统的配置应考虑成本效益。这包括储能设备的投资成本、运行成本、维护成本以及储能带来的经济效益。通过经济分析，选择性价比高的储能技术和配置方案，确保储能系统在建筑中的应用具有经济可行性。

储能系统的配置应确保系统的安全稳定运行。这包括储能设备的选型、安装、运行和维护等环节。通过采取必要的安全措施，如设置保护装置、监控系统等，防止储能系统在运行过程中出现安全事故。储能系统的配置应具有灵活性，以适应建筑能源需求的变化和可再生能源发电的波动。通过采用模块化设计、智能控制系统等技术手段，实现储能系统的快速响应和灵活调节。

（二）储能系统配置的关键要素

储能容量是指储能系统能够存储的能量大小。合理配置储能容量，可以确保建筑在电力需求高峰时有足够的电力供应，同时在电力需求低谷时能够

存储多余的电能。储能容量的配置应根据建筑的电力负荷特性、可再生能源的发电特性以及电网的供电情况等因素来确定。储能类型包括电化学储能、物理储能、热储能等多种类型。不同类型的储能技术具有不同的特点和适用场景。在建筑电气中，应根据实际需求选择合适的储能类型。例如，锂离子电池适合用于小型移动电源和电动汽车等领域；抽水蓄能适合用于大规模电力储存和调节。

储能位置的选择对储能系统的效率和效益具有重要影响。在建筑电气中，应根据建筑的布局和电力负荷分布情况，选择合适的储能位置。一般来说，储能系统应尽可能靠近电力负荷中心，以减少电力传输过程中的损失。控制系统是储能系统的大脑，负责监控储能系统的运行状态、优化储能策略以及实现与电网的互动。在建筑电气中，应配置先进的控制系统，实现储能系统的智能化管理。通过集成优化算法和智能控制技术，提高储能系统的效率和效益。

（三）储能系统配置的具体策略

建筑的电力负荷特性是储能系统配置的重要依据。通过对建筑的电力负荷进行监测和分析，可以了解建筑的电力需求规律和波动情况。根据这些信息，可以合理配置储能系统，以平衡建筑电力供需，降低能耗成本。例如，对于具有明显峰谷负荷特性的建筑，可以配置较大容量的储能系统，在电力需求低谷时储存电能，在电力需求高峰时释放电能。可再生能源的发电特性具有间歇性和波动性，这对建筑的电力供应稳定性提出了挑战。通过合理配置储能系统，可以平抑可再生能源发电的波动，提高建筑的电力供应稳定性。例如，对于太阳能光伏发电系统，可以配置储能系统来储存白天多余的电能，在夜间或阴天释放电能。

电网的供电情况对储能系统的配置也具有重要影响。在电网供电不稳定或电价波动较大的地区，配置储能系统可以提高建筑的电力供应可靠性，并降低能耗成本。例如，在电力需求高峰时，可以从电网购电并储存起来，在电力需求低谷时释放电能，以节省电费支出。

模块化设计是一种提高储能系统灵活性的有效手段。通过采用模块化设计，可以根据实际需求快速增减储能容量，以适应建筑能源需求的变化和可再生能源发电的波动。此外，模块化设计还便于储能系统的维护和升级，降低维护成本和提高系统的可靠性。集成优化算法是实现储能系统智能化管理的重要手段。通过集成优化算法，可以根据建筑的电力负荷特性、可再生能源的发电特性以及电网的供电情况等因素，优化储能策略，提高储能系统的效率和效益。例如，可以采用机器学习算法对建筑的电力负荷进行预测，并根据预测结果动态调整储能系统的充放电策略。

三、储能技术对建筑电气负荷的调节与优化

随着全球能源转型的推进和智能电网的发展，储能技术在建筑电气负荷的调节与优化中发挥着越来越重要的作用。通过合理配置和管理储能系统，不仅可以平衡建筑电气负荷，提高能源利用效率，还能增强电力系统的稳定性和可靠性。

（一）建筑电气负荷的特点与挑战

建筑电气负荷具有多样性和复杂性的特点。一方面，建筑内存在各种不同类型的电气设备，如照明系统、空调系统、电梯系统、安防系统、通信系统等，它们的运行特性和负荷需求各不相同。另一方面，建筑电气负荷的变化具有较强的随机性和时变性，例如在不同的时间段、季节和天气条件下，负荷需求会有所差异。此外，随着可再生能源在建筑中的广泛应用，如太阳能光伏发电系统和风能发电系统，建筑电气负荷还呈现出间歇性和波动性的特点，这给电气负荷的调节带来了更大的挑战。

（二）储能技术对建筑电气负荷的调节策略

储能技术通过储存和释放电能，可以有效调节建筑电气负荷，提高能源利用效率。

电池储能系统是目前应用最广泛的储能技术之一。它通过将电能转化为

化学能储存在电池中,并在需要时释放电能。在建筑电气负荷调节中,电池储能系统可以在电力需求低谷时充电,储存多余的电能;在电力需求高峰时放电,满足建筑的电力需求。此外,电池储能系统还可以用于平衡可再生能源发电的波动性,提高可再生能源的利用率。

抽水蓄能电站是一种利用水的重力势能进行能量储存和释放的技术。它通过在电力需求低谷时用电能将水抽到高处的水库,并在电力需求高峰时放水推动水轮机发电。抽水蓄能电站适用于大型建筑或建筑群,可以有效调节建筑电气负荷,提高电力系统的稳定性和可靠性。

飞轮储能系统利用电动机带动飞轮高速旋转,将电能转化为机械能储存起来。在需要时,飞轮带动发电机发电,将机械能转化为电能。飞轮储能系统具有响应速度快、寿命长等优点,适用于需要快速响应的电气负荷调节场景。

热储能系统通过将热能储存在特定的介质中(如水、熔盐等),并在需要时释放热能。在建筑电气负荷调节中,热储能系统可以用于平衡建筑的冷热负荷需求,提高能源利用效率。例如,在夏季高温时段,热储能系统可以储存多余的冷能,在夜间或低负荷时段释放冷能,满足建筑的制冷需求。

(三)储能技术对建筑电气负荷的优化策略

除了直接调节建筑电气负荷外,储能技术还可以通过优化策略,进一步提高能源利用效率,降低能耗成本。

峰谷电价是指电力公司在电力需求高峰和低谷时实行不同的电价政策。通过合理配置储能系统,建筑可以在电力需求低谷时充电,储存多余的电能;在电力需求高峰时放电,利用峰谷电价差降低电费支出。这种策略不仅可以调节建筑电气负荷,还可以实现经济效益的最大化。

需求响应是指电力用户根据电力系统的需求变化,调整自身的用电行为,以平衡电力供需。通过配置储能系统,建筑可以在电力系统需求高峰时减少用电负荷,将电能储存在储能系统中;在需求低谷时增加用电负荷,利用储能系统释放电能。这种策略不仅可以提高电力系统的稳定性和可靠性,还可以减少建筑对电网的依赖。

多能互补是指将多种能源形式进行互补利用，以提高能源利用效率。在建筑电气负荷调节中，可以将储能系统与太阳能光伏发电系统、风能发电系统等多种能源形式相结合，实现多能互补。例如，在白天太阳能光伏发电系统发电时，可以将多余的电能储存在储能系统中；在夜间或阴天时段，可以利用储能系统释放电能，满足建筑的电力需求。

（四）储能技术在建筑电气负荷调节中的挑战与解决方案

储能设备的投资成本较高，这是制约储能技术在建筑电气负荷调节中广泛应用的主要因素之一。为了降低储能成本，可以通过技术创新和规模效应等手段来降低成本。例如，研发高效、低成本的储能材料和技术，通过规模化生产和应用来降低成本。

储能系统在充放电过程中存在一定的能量损失，这会影响储能效率。为了提高储能效率，可以优化储能系统的充放电策略和管理方式。例如，采用智能控制系统来精确控制储能系统的充放电过程；通过优化储能系统的布局和配置来减少能量损失。

储能系统的安全性和可靠性是保障建筑电气负荷调节效果的关键。为了提高储能系统的安全性和可靠性，可以采用多种技术手段。例如，设置多重保护装置来防止储能系统过充、过放等异常情况；采用先进的监控系统来实时监测储能系统的运行状态和安全性。

第三节　直流配电技术在建筑电气中的应用

一、直流配电技术的优势与劣势分析

（一）直流配电技术的优势

直流配电技术作为一种新兴的电力传输和分配方式，相较于传统的交流配电技术，在多个方面表现出显著的优势。

分布式发电的接入是电力系统发展的重要方向，但交流电源如风力发电、微型燃气轮机发电等在接入交流电网时，需要满足频率、幅值、相位等条件的约束，同步过程复杂。而直流配电网则大大简化了这一过程。风力发电、微型燃气轮机发电等交流电源发电在接入直流配电网时，仅需经过交流—直流变换，无需同步。光伏发电、蓄电池等直流电源则可以通过直流—直流变换直接与直流母线连接，进一步降低了分布式发电接入的难度。直流配电网在电能质量和供电可靠性方面相较于交流配电网有着显著的优势。交流电网在接入时容易发生电压闪变、频率波动、高次谐波污染等问题，而直流配电网则可以有效解决这些问题。直流配电网能够独立控制系统有功功率和无功功率，并且能够隔离交流电网故障，确保电网故障时对重要负荷的供电可靠性。此外，通过接入储能装置，直流配电网还可以在电网故障时提供持续的电力供应，进一步增强供电可靠性。

直流配电网的输电容量相较于交流配电网有着明显的优势。交流配电网一般采用三相四线制，其额定线电压和额定线电流分别为交流额定线电压、交流额定线电流，功率因数 $\lambda=0.9$。而直流配电网采用双极供电，其额定电压、额定电流分别为直流额定电压、直流额定电流。在相同的绝缘水平下，直流配电网单条线路的输送功率是交流线路的 1.5 倍。这一优势使得直流配电网在传输大容量电力时更具效率和经济性。直流配电系统在电能损耗方面也具有显著优势。由于直流电没有无功功率引起的线损和电介质损失，因此线路损耗较少。此外，直流输电系统的冲击过电压倍数较低，可以降低设备的绝缘水平，进一步减少电能损耗。这些优势使得直流配电系统在能源传输和分配过程中能够更高效地利用电能，减少能源浪费。

随着新能源发电技术的不断发展，太阳能、风能等可再生能源在电力系统中的占比逐渐增加。直流配电技术能够更好地支持新能源发电的高效利用。直流系统可以更高效地将新能源发电接入电网，降低能源损耗和传输损耗。直流配电技术还可以与储能装置相结合，实现新能源发电的平滑输出和高效利用。电动交通系统的快速发展对电力系统的充电和供电提出了更高的要求。

直流配电技术在电动车辆的充电和供电系统中具有显著优势。直流充电可以更快速地为电动车辆充电，并且在能源管理方面更为灵活。直流配电技术还可以与智能电网相结合，实现电动车辆的智能充电和调度，进一步提高充电效率和能源利用率。

数据中心作为信息技术产业的重要组成部分，对能源的需求巨大。直流配电技术在数据中心中有着广泛的应用。直流供电可以提高数据中心的能源利用率，并减少能源转换过程中的能耗损失。直流配电技术还可以与智能温控系统相结合，实现数据中心的智能温控和节能管理，进一步提高能源利用效率。工业自动化领域对电能的稳定性和可靠性要求较高。直流配电技术能够提供更稳定的电能，减少电力波动对工业设备的影响。直流配电技术还能够更好地满足工业控制系统对能源的需求，实现工业设备的精确控制和高效运行。随着电力系统的智能化发展，直流配电技术将与智能电网相结合，实现电力系统的智能化控制和管理。通过智能算法和自动化设备，实现对直流配电系统的监测、控制和管理，提高电网的抗干扰能力和可靠性。直流配电技术还可以与储能装置、分布式发电等相结合，构建更加智能、高效、可靠的电力系统。

（二）直流配电技术的劣势

尽管直流配电技术在多个方面表现出显著的优势，但仍存在一些劣势和挑战。

直流配电系统的硬件成本相较于交流配电系统较高。这主要是由于直流配电系统需要采用更多的整流器、逆变器等电力电子设备，以及更高要求的绝缘材料和线路。这些硬件设备的成本较高，导致直流配电系统的初期投资较大。相较于交流配电技术，直流配电技术的成熟度较低。直流配电系统在运行过程中需要解决的技术问题较多，如整流器的效率、逆变器的稳定性、线路的绝缘水平等。这些问题需要不断的技术研发和实践经验积累才能逐步解决。

直流配电系统的运行维护相较于交流配电系统更为复杂。直流配电系统需要更多的电力电子设备和控制系统,这些设备的运行和维护需要较高的专业技能和经验。直流配电系统的线路和设备也更容易受到环境因素和故障的影响,需要定期进行检修和维护。直流输电系统通常采用大地作为回路,这在一定程度上限制了直流配电系统的应用范围。大地回路的使用可能会受到地质条件、环境保护等因素的限制,导致直流配电系统在某些地区无法应用或需要采取额外的措施。

直流配电系统中的换流装置在工作过程中会产生高次谐波干扰,对电力系统的稳定运行和通信设备的正常工作造成一定的影响。因此,需要采取额外的措施来抑制高次谐波干扰,如安装滤波器、采用先进的换流技术等。直流输电技术在远距离输电方面具有显著优势,但在短距离输电时其经济性可能不如交流输电。这主要是由于直流输电系统需要更多的电力电子设备和控制系统,导致短距离输电时的成本较高。因此,在短距离输电时,交流输电可能更具经济性。

二、直流配电系统在建筑电气中的设计要点

直流配电系统作为建筑电气系统的重要组成部分,其设计直接关系到建筑的电力供应稳定性、安全性和能效。随着可再生能源和智能电网的发展,直流配电系统在建筑中的应用越来越广泛。

(一)设计目标与原则

直流配电系统的设计目标是实现建筑电力的高效、稳定和安全供应,同时满足绿色建筑和可持续发展的要求。设计应遵循以下原则:

(1)高效性:通过优化直流配电系统,提高能源利用效率,减少能源浪费。

(2)稳定性:确保直流配电系统在各种工况下都能稳定运行,避免电力波动对建筑设备和人员造成影响。

(3)安全性:设计应充分考虑系统的安全性能,包括过载保护、短路保护、接地保护等,确保人员和设备的安全。

(4)灵活性:直流配电系统应具备良好的可扩展性和灵活性,以适应建

筑未来电力需求的增长和变化。

（二）系统组成与结构

直流配电系统主要由直流电源、直流配电柜、直流负载和控制系统等组成。其结构通常包括直流母线、直流分支线路、保护装置和监测设备等。

（1）直流电源：直流电源是直流配电系统的核心，通常采用光伏电池、蓄电池等可再生能源或储能设备作为直流电源。

（2）直流配电柜：直流配电柜是直流配电系统的中枢，负责将直流电源分配给各个负载，并具备保护和监测功能。

（3）直流负载：直流负载包括建筑内的各种用电设备，如照明、空调、电梯等。

（4）控制系统：控制系统用于监测和控制直流配电系统的运行状态，包括电压、电流、功率等参数的监测，以及过载、短路等故障的保护。

（三）设计要点

直流配电系统的电压等级选择应根据建筑用电需求和系统安全性能进行综合考虑。根据现有标准，建筑直流配电系统的电压等级通常建议采用±10kV、±375V 和 DC220V 等配合方案。其中，±10kV 适用于大型直流负载和储能系统，±375V 适用于中型直流负载，DC220V 适用于小型直流负载和控制系统。直流配电系统的保护和防护是确保系统安全稳定运行的重要措施。保护应包括过载保护、短路保护、接地保护和防雷保护等。防护应包括防水、防尘、防腐蚀和防机械损伤等措施。在设计和安装过程中，应充分考虑这些因素，确保系统的安全性和可靠性。

直流配电系统的设备选型与布置应根据系统需求、设备性能和安装环境进行综合考虑。设备选型应考虑设备的额定电压、额定电流、功率因数、效率等参数，以及设备的可靠性和耐用性。布置应考虑设备的安装位置、空间利用率、散热条件等因素，确保设备的正常运行和维护。直流配电系统的监测与控制是确保系统稳定运行的重要手段。系统应配备监测设备，如电压表、电流表、功率表等，用于实时监测系统的电压、电流、功率等参数。系统应配备控制设备，如断路器、熔断器等，用于控制系统的运行状态和保护系统的安全。

接地设计是直流配电系统安全性的重要保障。接地设计应遵循相关标准和规范，确保系统的接地电阻、接地电位差等参数符合安全要求。同时，应考虑系统的防雷接地和防静电接地等措施，确保系统在雷电和静电等恶劣环境下的安全运行。储能系统在直流配电系统中具有重要作用，负责调节系统的电力供需平衡。储能系统的设计应根据建筑用电需求和可再生能源发电情况进行综合考虑。储能系统的类型包括蓄电池储能、超级电容器储能等。在设计过程中，应充分考虑储能系统的容量、充电速度、放电速度等因素，确保系统的稳定性和可靠性。

光伏系统是直流配电系统的重要组成部分，用于将太阳能转化为直流电能。光伏系统的设计应根据建筑屋顶面积、太阳能辐射强度、光伏电池效率等因素进行综合考虑。在设计过程中，应充分考虑光伏系统的布局、朝向、倾角等因素，确保系统的发电效率和稳定性。在直流配电系统设计完成后，应进行性能测试和验证，确保系统的性能和安全性符合设计要求。性能测试应包括电压稳定性测试、电流稳定性测试、功率因数测试等。验证应包括过载保护测试、短路保护测试、接地保护测试等。通过性能测试和验证，可以及时发现和解决问题，确保系统的稳定性和可靠性。

三、直流配电技术对建筑电气系统效率的提升

随着能源结构的转型和智能电网的发展，直流配电技术在建筑电气系统中的应用日益广泛。相比传统的交流配电技术，直流配电技术具有诸多优势，能够有效提升建筑电气系统的效率。

（一）直流配电技术的基本原理与优势

直流配电技术是一种将直流电能直接分配给负载的电力传输与分配方式。与交流电不同，直流电的电流方向始终保持恒定，这使得直流配电系统具有低损耗、易于控制等显著优势。

在电力传输过程中，电阻损耗是不可避免的。然而，由于直流电不存在交变磁场，其传输过程中的电阻损耗远低于交流电。特别是在长距离、大容量输电场景下，直流配电能够显著减少电能损失，提升输电效率。

直流配电系统省去了交流配电中复杂的相位同步、无功补偿等环节，使得系统结构更加简洁明了。同时，直流母线作为能量传输的"高速公路"，能够直接连接多种直流负载，减少了转换环节和能量损耗，提高了系统整体效率。直流配电系统能够有效抑制谐波污染，减少电压波动和闪变等电能质量问题。这对于保障敏感负载如数据中心、精密仪器等的稳定运行具有重要意义。

（二）直流配电技术对建筑电气系统效率的提升途径

在传统的建筑电气系统中，交流电源需要通过整流器转换为直流电源，以供给各类直流负载使用。这一转换过程不仅增加了系统复杂性，还带来了额外的能量损耗。而直流配电技术则能够直接为直流负载提供电能，省去了整流器这一中间环节，从而减少了能源转换过程中的损耗。直流配电系统能够根据负载的实际需求，灵活调整电能的分配。通过精确控制直流母线上的电压和电流，可以实现对各个负载的精确供电，避免了传统交流配电系统中可能出现的过流、过压等问题。这种优化的能源分配方式不仅提高了系统的能效，还延长了负载的使用寿命。

直流配电系统具有更高的稳定性，能够抵御电网波动和故障对系统的影响。在电网发生故障时，直流配电系统能够迅速切换到备用电源或储能设备，确保负载的正常运行。这种高稳定性不仅提高了建筑电气系统的可靠性，还减少了因故障导致的能源浪费。随着太阳能、风能等可再生能源的大规模开发利用，直流配电技术在促进新能源并网方面展现出巨大潜力。太阳能光伏板、风力发电机等新能源设备产生的多为直流电，直接接入直流电网可以减少转换环节，提高能源利用效率。此外，直流配电系统还能够通过储能设备实现电能的平滑调度和峰谷填补，进一步提升了系统的整体能效。

（三）直流配电技术在建筑电气系统中的实际应用

数据中心作为信息时代的"大脑"，对电能质量和供电可靠性有着极高要求。直流配电系统能够直接为服务器等设备提供稳定、高效的直流电源，减少转换损耗，提高能效比。同时，其快速响应能力也有助于应对突发的电力需求变化，保障数据中心的安全稳定运行。电动汽车的快速发展对充电基础设施提出了更高要求。直流快充技术能够在短时间内为电动汽车补充大量电能，而直流配电系统则能够为这些快充站提供稳定、高效的电力供应。通过优化充电策略和管理系统，可以进一步提高充电站的能效和用户体验。

在智能家居系统中，各类智能设备如照明、安防、家电等大多采用直流供电。直流配电系统能够轻松集成这些设备，实现家庭能源的精细化管理。通过智能控制系统，可以实时监测和控制家庭能源的消耗，提高能源利用效率并降低能源成本。在偏远地区或海岛等无法接入大电网的区域，新能源微电网成为解决能源供应问题的重要途径。直流配电系统能够轻松集成太阳能、风能等可再生能源，实现能源的自给自足和高效利用。同时，其灵活的扩展性和兼容性也为微电网的未来发展提供了广阔空间。

第四节 柔性用电技术的实现方式

一、柔性用电技术的核心思想与原则

柔性用电技术，作为智能电网技术的重要应用之一，其核心思想在于通过电力电子技术的灵活应用，结合储能技术及信息技术，实现对电能的精确控制与管理，从而满足不同电力用户以及负荷的需要，提供高质量、高效率的电力供应。这一技术的出现，标志着电力行业进入了一个新时代，不仅提高了电能的利用效率，还为电力系统的可靠性和灵活性提供了有力支持。

1. 柔性用电技术的核心思想

传统电能的使用必须时刻遵循"供需平衡"的原则，而柔性电力技术思

想下的电网则具备了对高比例可再生能源的吸纳、电能质量灵活控制与变换的特点。这意味着电力系统能够根据实际需求，动态调整电能的供应，确保供电质量和稳定性。

柔性用电技术充分利用了现代信息技术和通信技术，实现了对电力系统的全面感知、信息高效处理和应用便捷灵活。这不仅提高了电力系统的运行效率，还增强了其自我修复和优化的能力。柔性用电技术鼓励用户积极参与电力管理，通过智能终端等设备实时监控用电情况，并灵活调整用电方式。这种用户参与的模式有助于实现电力资源的合理分配和节约。

2. 柔性用电技术的原则

柔性用电技术必须确保电力系统的可靠运行，避免因技术故障或操作失误导致的供电中断或质量下降。这要求在设计和实施柔性用电技术时，充分考虑系统的冗余性、故障隔离能力和恢复速度。

柔性用电技术应具备高度的灵活性，能够根据不同的用电需求和负荷变化，快速调整电能的供应方式和参数。这要求电力系统中的各个组件和设备都具备可控性和可配置性，以便实现灵活的电能管理。柔性用电技术的实施应充分考虑经济性，力求在提高供电质量和效率的同时，降低运行成本和投资成本。这要求在选择技术方案和设备时，进行充分的经济分析和比较，选择最优的方案。柔性用电技术应积极响应国家能源和环保政策，减少电力行业的损失，节约全社会能源资源。这要求在设计和实施柔性用电技术时，充分考虑其对环境的影响，选择低污染、低能耗的技术方案和设备。

3. 柔性用电技术的实现方式

电力电子技术是柔性用电技术的核心，它通过对电能的数量和形态进行快速精确控制，实现电能的高效利用。在柔性用电技术中，电力电子技术被广泛应用于整流器、逆变器、变频器等电力电子设备中，以实现电能的变换与控制。储能技术在柔性用电技术中发挥着重要作用，它可以通过储存电能并在需要时释放，实现对电能的灵活调度。常见的储能技术包括电池蓄能、超导蓄能等。这些储能技术不仅提高了电力系统的供电可靠性，还增强了其应对突发事件的能力。

信息技术为柔性用电技术提供了强大的支持。通过物联网、大数据、云计算等现代信息技术，可以实现对电力系统的全面感知和智能控制。这不仅提高了电力系统的运行效率，还增强了其自我修复和优化的能力。柔性用电技术鼓励用户积极参与电力管理，通过智能终端等设备实时监控用电情况，并灵活调整用电方式。这种用户参与的模式有助于实现电力资源的合理分配和节约。例如，智能电表系统可以实时监测用户的用电情况，并通过远程控制技术实现对家中电器设备的控制和管理。

4. 柔性用电技术的应用前景

柔性用电技术具有广阔的应用前景。随着社会对电力需求的不断增长和对供电质量要求的不断提高，柔性用电技术将在以下几个方面发挥重要作用：

柔性用电技术是智能电网建设的重要支撑。通过应用柔性用电技术，可以实现对电力系统的全面感知和智能控制，提高电网的供电质量和效率。这将有助于推动智能电网的发展和应用。随着可再生能源的发展和应用，对输电系统的要求也越来越高。柔性用电技术可以实现对可再生能源的灵活接入和调度，提高可再生能源的利用率和稳定性。这将有助于推动可再生能源的广泛应用和发展。

柔性用电技术可以为城市供电系统提供高质量、高效率的电力输送方案。通过应用柔性用电技术，可以实现对城市供电系统的灵活调度和优化管理，提高供电质量和效率。这将有助于推动城市供电系统的现代化和智能化发展。柔性用电技术可以为电动汽车和轨道交通系统提供高效、可靠的充电解决方案。通过应用柔性用电技术，可以实现对电动汽车和轨道交通系统的智能充电管理，提高充电效率和安全性。这将有助于推动交通运输领域的绿色化和智能化发展。

二、柔性用电技术在建筑电气中的实现路径

柔性用电技术，作为建筑电气系统的重要组成部分，旨在通过智能化管理和优化算法，实现对建筑内部各种用电设备的精细化管理。其核心在于提高电能的节约和高效利用，同时与储能系统和光伏发电相结合，实现电能的

自给自足和余电上网，进一步降低建筑的能源成本和碳排放。

1. 直流配电系统的构建

直流配电系统是柔性用电技术的基础。传统的交流配电系统在转换过程中存在电能损耗，而采用直流配电技术将光伏产生的直流电直接用于建筑内各类直流负载，如 LED 照明、空调、电脑等，避免了多次交直流转换损失，提高了能源利用效率，降低了设备成本和维护难度。

在建筑电气中，直流配电系统的构建主要包括以下几个方面：

（1）直流母线设计：直流母线是连接建筑光伏、建筑储能、用电负荷和城市电网的桥梁。其电压等级和容量需根据建筑的实际需求和用电特点进行合理规划。

（2）分布式电源接入：光伏发电系统作为建筑的主要能源供应方式，其输出的直流电直接接入直流母线，实现电能的自给自足。同时，储能系统如电池储能或超级电容器等设备也接入直流母线，以平抑供需波动，确保能源供应的稳定性和可靠性。

（3）用电设备适配：建筑内的用电设备需逐步替换为直流驱动的设备，或者通过直流—直流变换器接入直流母线。这样，不仅可以减少电能损耗，还可以提高设备的运行效率和可靠性。

2. 智能控制与优化算法的应用

柔性用电技术强调通过智能控制和优化算法实现对建筑内部各种用电设备的精细化管理。通过实时监测和分析用电数据，智能控制系统可以根据实际需求调整设备的运行状态和功率输出，从而实现电能的节约和高效利用。

在建筑电气中，智能控制与优化算法的应用主要包括以下几个方面：

（1）数据采集与监测：通过安装各种传感器和计量设备，实时采集建筑内的用电数据，包括电压、电流、功率因数等，为智能控制提供数据支持。

（2）需求侧响应：根据电网的需求和电价波动，智能控制系统可以自动调整建筑的用电策略，如调整空调的工作模式、优化照明系统的亮度等，以实现电能的节约和高效利用。

（3）优化算法：利用机器学习、人工智能等优化算法，对用电数据进行深度分析和挖掘，发现潜在的节能机会和优化空间，为智能控制提供决策支持。

3. 储能系统的配置与调度

储能系统在柔性用电技术中发挥着重要作用。通过合理配置和调度储能系统，可以实现对电能的灵活存储和释放，平抑供需波动，确保能源供应的稳定性和可靠性。

在建筑电气中，储能系统的配置与调度主要包括以下几个方面：

（1）储能容量的规划：根据建筑的实际需求和用电特点，合理规划储能系统的容量。容量过大可能导致投资浪费，容量过小则无法满足需求。

（2）储能技术的选择：目前常见的储能技术包括电池储能、抽水蓄能、压缩空气储能等。在建筑电气中，电池储能因其灵活性和高效性而被广泛应用。

（3）储能调度策略：根据电网的需求和电价波动，智能控制系统可以自动调整储能系统的充放电策略，以实现电能的节约和高效利用。例如，在电价低谷时段充电，在电价高峰时段放电。

4. 光伏发电系统的集成

光伏发电系统作为建筑的主要能源供应方式，在柔性用电技术中发挥着重要作用。通过合理规划和设计光伏发电系统，可以实现电能的自给自足和余电上网，进一步降低建筑的能源成本和碳排放。

在建筑电气中，光伏发电系统的集成主要包括以下几个方面：

（1）光伏组件的选择与布局：根据建筑的实际需求和用电特点，选择合适的光伏组件和布局方案。光伏组件应安装在光照充足、无遮挡的位置，以最大化发电效率。

（2）并网与离网设计：根据电网的需求和建筑的实际情况，设计合理的并网与离网方案。并网模式下，光伏发电系统可以将多余的电能输送到电网中；离网模式下，光伏发电系统可以独立为建筑供电。

（3）最大功率点跟踪技术的应用：最大功率点跟踪技术可以提高光伏发电系统的发电效率。通过实时监测光伏组件的输出功率和电压，最大功率点跟踪控制器可以自动调整光伏组件的工作点,使其始终保持在最大功率输出状态。

5.用户参与与互动

柔性用电技术鼓励用户积极参与电力管理,通过智能终端等设备实时监控用电情况,并灵活调整用电方式。这种用户参与的模式有助于实现电力资源的合理分配和节约。

在建筑电气中,用户参与与互动主要包括以下几个方面:

(1)智能终端的普及:通过安装智能终端设备,如智能电表、智能插座等,用户可以实时了解用电情况,并灵活调整用电策略。

(2)能源管理系统:建立能源管理系统,将建筑内的各种用电设备和储能系统进行集成管理。通过能源管理系统,用户可以实时了解建筑的能源使用情况,并进行优化调度。

(3)用户教育与激励:通过用户教育和激励措施,提高用户的节能意识和参与度。例如,开展节能知识讲座、设立节能奖励机制等,鼓励用户积极参与电力管理。

6.标准化与规范化

为了推动柔性用电技术在建筑电气中的广泛应用,需要制定相应的标准和规范。通过标准化和规范化,可以确保柔性用电技术的安全性和可靠性,降低实施成本和维护难度。

在建筑电气中,标准化与规范化主要包括以下几个方面:

(1)技术标准:制定柔性用电技术的技术标准,包括直流配电系统的电压等级、容量规划、设备选型等;光伏发电系统的组件选择、布局设计、并网与离网要求等;储能系统的容量规划、技术选择、调度策略等。

(2)施工规范:制定柔性用电技术的施工规范,包括直流配电系统的安装与调试、光伏发电系统的安装与调试、储能系统的安装与调试等。确保施工过程中遵循规范操作,确保系统的安全性和可靠性。

(3)验收标准:制定柔性用电技术的验收标准,包括系统的性能测试、安全性评估、能效评估等。确保系统在验收前达到规定的技术要求和性能指标。

7. 政策支持与市场推广

政策支持与市场推广是推动柔性用电技术在建筑电气中广泛应用的重要保障。通过政府政策的支持和市场推广活动，可以提高公众对柔性用电技术的认知度和接受度，促进其广泛应用。

在建筑电气中，政策支持与市场推广主要包括以下几个方面：

（1）政府政策：政府可以出台相关政策，鼓励和支持柔性用电技术的研发和应用。例如，提供财政补贴、税收优惠、技术支持等，降低企业的实施成本和技术门槛。

（2）市场推广：通过举办技术交流会、产品展览会等活动，向公众展示柔性用电技术的优势和应用案例。同时，加强与行业协会、科研机构的合作，共同推动柔性用电技术的发展和应用。

（3）示范项目：建立柔性用电技术的示范项目，展示其在建筑节能、环保等方面的实际效果。通过示范项目的引领和带动作用，推动柔性用电技术在建筑电气中的广泛应用。

第五节　光储直柔系统节能原理与应用机制

一、光储直柔系统的整体节能原理

1. 光储直柔系统的组成

光储直柔系统由光伏发电、电池储能、直流负荷及微网控制四部分组成。其中，"光"指的是太阳能光伏发电设施，"储"指的是储能系统，"直"指的是直流配电系统，"柔"则是指柔性用电技术。这四个部分相互协同，共同实现对建筑能源的高效利用和灵活管理。

2. 光储直柔系统的整体节能原理

光伏发电是光储直柔系统的重要组成部分。通过在建筑屋顶、外墙等合适位置安装光伏电池板，将太阳能转化为直流电能。这些电能不仅可以直接供给建筑内的用电设备使用，还可以通过储能系统进行储存，以便在光照不足或用电高峰时段释放。通过光伏发电，光储直柔系统实现了建筑能源的自给自足，减少了对传统电网的依赖，降低了能耗和碳排放。储能系统是光储直柔系统的另一个关键组成部分。储能系统通常采用电池技术（如锂离子电池、铅酸电池等），在电能过剩时储存电能，在电能不足时释放电能，以平衡供需。通过储能系统的调节，光储直柔系统能够实现对建筑电能的灵活管理，避免电能的浪费。同时，储能系统还可以作为备用电源，在市电故障或停电时提供紧急电力供应，保障建筑电力系统的稳定性和可靠性。

与传统的交流配电系统相比，直流配电系统在光储直柔系统中具有更高的能源传输效率。这是因为光伏产生的是直流电，而许多用电设备（如LED灯、计算机设备、电动汽车等）本质上也是使用直流电。直流配电系统减少了交直流转换环节，降低了能量损耗，提高了能源利用效率。此外，直流配电系统结构相对简单，故障发生率较低，且故障排查和修复相对容易，进一步提高了系统的可靠性和稳定性。柔性用电技术是光储直柔系统的核心之一。通过智能控制系统实时监测建筑内的用电负荷和光伏发电、储能系统的状态，根据电网的需求和电价等因素，灵活调节用电设备的功率。例如，在用电低谷时充电储能，在高峰时放电供电，以达到节能、降低成本和提高电网稳定性的目的。柔性用电技术使建筑用电系统成为电网的柔性负载或虚拟灵活电源，能够根据电力系统的供需关系随时调整用电功率，实现建筑与电网之间的友好互动。

3. 光储直柔系统的节能效果

光储直柔系统通过整合光伏发电、储能、直流配电和柔性交互四项技术，实现了建筑能源的高效利用和灵活管理，取得了显著的节能效果。

光储直柔系统通过光伏发电和储能系统的配合，实现了建筑能源的自给自足和平衡调节。在光照充足时，光伏发电系统产生的电能可以直接供给建筑内的用电设备使用，多余的电能还可以储存起来；在光照不足或用电高峰时段，储能系统可以释放储存的电能，满足建筑的用电需求。这种能源的自给自足和平衡调节方式避免了电能的浪费，提高了能源利用效率。光储直柔系统通过智能控制系统实时监测建筑内的用电负荷和光伏发电、储能系统的状态，根据电网的需求和电价等因素，灵活调节用电设备的功率。例如，在用电低谷时充电储能，在高峰时放电供电，以降低用电成本。同时，通过直流配电系统的高效传输和柔性用电技术的动态调节，光储直柔系统进一步降低了建筑的能耗和成本。

光储直柔系统通过储能系统的配置和智能调度，增强了建筑电力系统的稳定性和可靠性。在电网故障或负荷波动时，储能系统可以为建筑电气负荷提供稳定的电力供应；在供电故障或停电时，储能系统还可以作为备用电源，保障建筑电力系统的正常运行。这种稳定性和可靠性的提升有助于减少因电力中断或波动而造成的损失，提高建筑的整体运行效率和舒适度。光储直柔系统通过光伏发电和储能系统的配合，促进了可再生能源的利用。光伏发电系统产生的电能可以直接供给建筑内的用电设备使用，多余的电能还可以储存起来或上网销售。这种可再生能源的利用方式有助于减少对传统能源的依赖，降低能耗和碳排放，实现绿色低碳的建筑环境。

4. 光储直柔系统的应用前景

随着全球能源转型和节能减排需求的不断提升，光储直柔系统作为一种创新的能源管理系统，具有广阔的应用前景。

随着技术的不断进步和成本的进一步降低，光储直柔系统将在技术创新和优化方面取得更大突破。例如，开发更高效率的光伏电池板、更先进的储能技术和更智能的控制系统等，以提高系统的整体性能和可靠性。随着光储直柔系统应用的不断推广，标准化和规范化将成为其发展的重要方向。通过制定统一的标准和规范，可以确保系统的互操作性和可维护性，降低建设和运营成本，提高系统的应用效果和推广速度。

光储直柔系统不仅适用于住宅建筑和商业建筑等传统领域，还可以广泛应用于工业园区、数据中心、学校和医院等多元化应用场景。通过针对不同应用场景的定制化设计和优化管理，光储直柔系统可以实现更广泛的应用和更高的节能效果。政府政策的支持和市场机制的完善将是光储直柔系统发展的重要保障。通过制定相关政策措施和激励机制，如可再生能源补贴政策、峰谷电价政策等，可以促进光储直柔系统的建设和应用；同时，通过完善市场机制，如建立电力市场交易平台等，可以促进光储直柔系统的优化运行和效益提升。

二、光储直柔系统各组成部分的协同作用

光储直柔系统作为一种集光伏发电、储能、直流配电和柔性用电于一体的综合能源系统，其高效运行和显著节能效果离不开各组成部分之间的紧密协同。

1. 光伏发电与储能系统的协同作用

光伏发电是光储直柔系统的能量来源，通过光伏电池板将太阳能转化为直流电能。然而，由于太阳能的间歇性和不稳定性，光伏发电系统产生的电能往往无法完全满足建筑的用电需求。此时，储能系统便发挥了关键作用。

当光伏发电不足或建筑用电需求增加时，储能系统可以释放储存的电能，满足建筑的用电需求。这种光伏发电与储能系统的协同作用，实现了电能的自发自用和供需平衡，减少了对传统电网的依赖，降低了能耗和碳排放。

2. 光伏发电与直流配电系统的协同作用

光伏发电产生的电能是直流电，而传统的建筑电力系统通常采用交流电。为了充分利用光伏发电产生的直流电能，光储直柔系统引入了直流配电系统。

直流配电系统通过减少交直流转换环节，降低了能量损耗，提高了能源利用效率。同时，直流配电系统结构相对简单，故障发生率较低，且故障排查和修复相对容易，进一步提高了系统的可靠性和稳定性。光伏发电与直流配电系统的协同作用，实现了电能的高效传输和分配，为建筑内的用电设备提供了稳定可靠的电力供应。

3. 储能系统与直流配电系统的协同作用

储能系统不仅与光伏发电系统协同工作，还与直流配电系统紧密配合。

在光伏发电不足或用电高峰时段,储能系统可以释放储存的电能,通过直流配电系统供给建筑内的用电设备使用。这种协同作用不仅保障了建筑的用电需求,还避免了电能的浪费,提高了能源利用效率。

此外,储能系统还可以通过智能控制系统与直流配电系统进行实时通信和协调,根据建筑的用电需求和电网状况自动调节电能的释放和储存,实现电能的灵活管理和优化配置。

4. 柔性用电技术与各组成部分的协同作用

柔性用电技术是光储直柔系统的核心之一,它通过智能控制系统实时监测建筑内的用电负荷和光伏发电、储能系统的状态,根据电网的需求和电价等因素,灵活调节用电设备的功率。这种柔性用电技术不仅提高了能源利用效率,还降低了用电成本,增强了电力系统的稳定性和可靠性。

当光伏发电充足时,柔性用电技术可以降低建筑内的用电负荷,将多余的电能储存起来或上网销售;当光伏发电不足时,柔性用电技术可以调整用电设备的功率,优先使用储存的电能或市电供应,以满足建筑的用电需求。

储能系统作为电能的"缓冲池",在光伏发电不足或用电高峰时段释放储存的电能。柔性用电技术通过与储能系统的协同作用,可以实现对电能的精细调节和优化配置,避免电能的浪费和供需失衡。直流配电系统为柔性用电技术提供了高效、稳定的电能传输和分配通道。柔性用电技术通过与直流配电系统的协同作用,可以实现对建筑内用电设备的精确控制和管理,提高能源利用效率和用电安全。

5. 光储直柔系统各组成部分的协同优化

为了实现光储直柔系统的高效运行和显著节能效果,各组成部分之间的协同优化至关重要。

智能控制系统是光储直柔系统的大脑,负责实时监测各组成部分的状态和参数,根据建筑的用电需求和电网状况自动调节电能的产生、储存、传输和使用。通过不断优化智能控制系统的算法和策略,可以实现光储直柔系统各组成部分的协同优化,提高能源利用效率和系统稳定性。通过对光储直柔系统各组成部分的实时监测和数据采集,可以获取大量的运行数据和状态信息。通过对这些数据的分析和处理，可以了解系统的运行状况和潜在问题，为协同优化提供科学依据。例如，通过分析光伏发电系统的发电量和储能系统的充放电情况，可以优化储能系统的配置和管理策略；通过分析建筑内的用电负荷和柔性用电技术的调节效果，可以优化用电设备的功率分配和运行模式。

为了实现光储直柔系统各组成部分的协同优化，需要推进系统集成和标准化工作。通过制定统一的标准和规范，可以确保各组成部分之间的互操作性和可维护性；通过系统集成技术，可以实现各组成部分之间的无缝对接和高效协同，提高系统的整体性能和可靠性。政府政策的支持和市场机制的完善也是光储直柔系统协同优化的重要保障。通过制定相关政策措施和激励机制，如可再生能源补贴政策、峰谷电价政策等，可以促进光储直柔系统的建设和应用；通过完善市场机制，如建立电力市场交易平台等，可以促进光储直柔系统的优化运行和效益提升。

三、光储直柔系统在建筑电气中的具体应用

光储直柔系统，作为一种集成了光伏发电、储能、直流配电和柔性用电技术的新型建筑配电系统，正逐渐在建筑电气领域展现出其独特的优势和应用价值。这一系统通过高效利用可再生能源、优化能源配置、提高供电可靠性和灵活性，为建筑的可持续发展提供了有力支持。

1. 光伏发电在建筑电气中的集成应用

光伏发电是光储直柔系统的基石，它通过在建筑区域内部署分布式太阳能光伏发电系统，将太阳能转化为电能，直接供给建筑使用或储存。这一技术不仅充分利用了太阳能这一取之不尽、用之不竭的可再生能源，还减少了对传统化石能源的依赖，降低了建筑的碳排放。

在建筑电气中，光伏发电系统通常与建筑的屋顶、立面、阳台等结构相结合，形成一体化的光伏建筑。这种设计既美观又实用，不仅提高了建筑的能源自给率，还增强了建筑的节能效果。光伏发电系统产生的直流电，可以直接通过逆变器转换为交流电，供给建筑内的各类用电设备使用，如照明、

空调、电梯等。

2. 储能技术在建筑电气中的配置应用

储能技术是光储直柔系统的重要组成部分，它通过在供电系统中配置储能装置，实现了电能的储存和释放。这一技术不仅解决了光伏发电间歇性和不稳定性带来的电能供需不平衡问题，还提高了电能的利用效率。

在建筑电气中，储能装置通常与光伏发电系统配合使用，形成"光+储"的能源配置模式。当光伏发电充足时，多余的电能可以储存到储能装置中；当光伏发电不足或用电高峰时，储能装置可以释放储存的电能，保障建筑的用电需求。此外，储能装置还可以作为应急电源，在电网故障或停电时为建筑提供稳定的电力供应。

3. 直流配电系统在建筑电气中的构建应用

直流配电系统是光储直柔系统的另一大亮点，它通过采用直流电传输方式，简化了电力系统的结构，提高了电能的传输效率。与传统的交流配电系统相比，直流配电系统具有形式简单、易于控制、传输效率高等优点。

在建筑电气中，直流配电系统通常与光伏发电系统和储能装置无缝对接，实现电能的储存、传输和分配。直流配电系统可以将光伏发电产生的直流电直接供给建筑内的直流用电设备使用，如 LED 照明、直流空调、直流电器等，避免了交直流转换带来的能量损耗。同时，直流配电系统还可以与柔性用电技术相结合，实现建筑用电负荷的灵活调节和管理。

4. 柔性用电技术在建筑电气中的实施应用

柔性用电技术是光储直柔系统的核心之一，它通过智能控制系统实时监测建筑内的用电负荷和光伏发电、储能系统的状态，根据电网的需求和电价等因素，灵活调节用电设备的功率和工作时间。这一技术不仅提高了建筑的能源利用效率，还降低了用电成本。

在建筑电气中，柔性用电技术通常与建筑能源管理系统相结合，实现对建筑用电负荷的精确控制和管理。智能控制系统可以根据建筑的实际用电需求和电网状况，自动调节用电设备的功率和工作时间，实现电能的合理分配和使用。例如，在用电高峰时段，智能控制系统可以自动关闭或降低部分非必要用电设备的功率，以减轻电网的供电压力；在用电低谷时段，则可以开启或提高部分用电设备的功率，以充分利用电网的富余电能。

5.光储直柔系统在建筑电气中的综合效益

光储直柔系统在建筑电气中的综合应用，带来了显著的节能减排、经济效益和社会效益。

（1）节能减排：通过高效利用可再生能源和优化能源配置，光储直柔系统显著降低了建筑的能耗和碳排放。光伏发电系统的应用减少了对传统化石能源的依赖；储能技术的应用解决了光伏发电间歇性和不稳定性带来的电能供需不平衡问题；直流配电系统和柔性用电技术的应用提高了电能的传输效率和使用效率。

（2）经济效益：光储直柔系统的应用降低了建筑的用电成本。光伏发电系统产生的电能可以直接供给建筑使用或储存，减少了对外购电能的依赖；储能技术的应用可以在电价低谷时段储存电能，在电价高峰时段释放电能，实现了电能的"移峰填谷"；柔性用电技术的应用可以根据电网的需求和电价等因素，灵活调节用电设备的功率和工作时间，降低了用电成本。

（3）社会效益：光储直柔系统的应用促进了建筑行业的绿色转型和可持续发展。通过高效利用可再生能源和优化能源配置，光储直柔系统提高了建筑的能源自给率和能源利用效率，降低了建筑的碳排放和能耗强度。这一技术的应用不仅有助于实现国家的碳达峰、碳中和目标，还有助于推动建筑行业的绿色发展和转型升级。

第五章 光储直柔系统设计与优化

第一节 光伏发电系统的设计与优化

一、光储直柔系统光伏组件的选型与布局规划

光储直柔系统作为一种集成了光伏发电、储能、直流配电和柔性控制的新型建筑配电系统，其核心在于高效利用太阳能资源，实现能源的自给自足与智能管理。光伏组件作为光储直柔系统的重要组成部分，其选型与布局规划直接影响着整个系统的发电效率和运行稳定性。

（一）光伏组件的选型

1. 性能指标

在光伏组件的选型过程中，性能指标是首要考虑的因素。主要包括以下几个方面：

（1）峰值功率：峰值功率是指在标准测试条件下（即辐照度为 1000 W/m^2，温度为 25℃）组件能够输出的最大功率。峰值功率越高，意味着组件在单位面积上能够获得更高的发电量。

（2）转换效率：转换效率是指组件将太阳能转化为电能的比率。转换效率越高，组件的发电能力越强。

（3）温度系数：温度系数反映了组件性能随温度变化的情况。温度系数越低，组件在高温环境下的性能保持能力越强。

（4）衰减率：衰减率是指组件在长时间使用过程中功率下降的比率。衰

减率越低，组件的寿命越长，发电稳定性越好。

2. 材料与结构

光伏组件的材料与结构也是选型时需要考虑的重要因素。目前市场上主流的光伏组件材料包括单晶硅、多晶硅和薄膜光伏电池等。不同类型的光伏组件在性能、成本和适用场景上存在差异：

（1）单晶硅光伏组件：具有较高的转换效率和较低的衰减率，但成本相对较高。适用于对发电效率有较高要求的场景。

（2）多晶硅光伏组件：转换效率略低于单晶硅组件，但成本更低，适用于对成本有一定要求的场景。

（3）薄膜光伏电池：具有柔性、轻便、可弯曲等优点，适用于特殊形状和曲面的安装场景。

此外，光伏组件的结构设计也需考虑。例如，组件的边框材料应具有足够的强度和耐腐蚀性，以承受恶劣气候的侵蚀。组件的封装层应具备良好的防水、防尘和防紫外线性能，以保证组件的长期稳定运行。

3. 可靠性与耐久性

光伏组件的可靠性和耐久性直接关系到系统的长期运行稳定性和维护成本。在选型时，应优先选择具有高品质、可靠性和耐久性的组件，确保组件能够长期稳定运行。可以参考组件的质量认证、生产商的信誉度以及组件的质保期限等指标。

（二）光伏组件的布局规划

了解所在地的天空条件和太阳轨迹对光伏组件布局非常重要。根据太阳的方位和高度角，调整组件的朝向和倾角，以实现最佳的光照接收效果。一般来说，光伏组件应朝向正南方安装，并根据当地纬度调整组件的倾角，以获得最大的年发电量。阴影遮挡会对光伏组件的发电效率产生较大影响。因此，在布局设计过程中需要尽量避免阴影遮挡。此外，组件之间的互遮现象也需要考虑，并合理安排组件之间的间隔，以避免互遮带来的发电损失。

光伏组件的安装方式主要有地面和屋顶两种。对于地面安装来说，应适当考虑地形、土壤情况和地方气象条件等因素，以确保光伏组件能够稳固地安装在地面上。而对于屋顶安装来说，需要注意屋顶的承重能力、防水措施和安全防护等要求。在屋顶安装时，还需考虑屋顶的可用面积、朝向和倾角等因素。一般来说，屋顶面积越大、朝向越正南、倾角越接近最佳倾角，光伏组件的发电量就越高。布局密度是指光伏组件在单位面积上的装机容量。在进行布置设计时，可以根据场地面积和需求来确定布局密度和系统总容量。布局密度过高可能导致组件之间的互遮现象增加，降低发电效率；布局密度过低则可能浪费场地面积，降低系统经济性。系统容量的确定需考虑建筑的用电需求和光伏发电的潜力。通过合理的容量配置，可以实现光伏发电与建筑用电的平衡，提高系统的整体效率和经济性。

定期清洁和维护光伏组件有助于提高系统的发电效率和寿命。因此，在布局设计过程中要考虑到光伏组件的清洁和维护的便捷性。例如，可以选择易于清洁的组件类型和安装位置，设置合理的维护通道和工具存放点等。

二、光储直柔系统逆变器及系统架构设计

光储直柔系统是一种集成了光伏发电、储能、直流配电和柔性用电控制的先进建筑能源管理系统。该系统旨在提高建筑能源使用效率，减少对传统电网的依赖，并促进可再生能源的充分利用。在光储直柔系统中，逆变器和系统架构设计是关键环节，直接关系到系统的整体性能、可靠性和经济性。

（一）光储直柔系统逆变器选择与设计

逆变器作为连接光伏板、储能装置和直流/交流负载的关键设备，在光储直柔系统中扮演着重要角色。逆变器的选择与设计需考虑多个因素，包括效率、可靠性、控制策略、成本以及与其他系统组件的兼容性。

1. 逆变器类型选择

光储直柔系统中，逆变器主要分为集中式逆变器、组串式逆变器和微型逆变器三类。

（1）集中式逆变器：集中式逆变器通常具有较大的功率输出，适用于大

型光伏电站。然而，在光储直柔系统中，由于需要更精细的能源管理和控制，集中式逆变器可能不是最佳选择。

（2）组串式逆变器：组串式逆变器针对每个光伏组串单独进行最大功率点跟踪，提高了系统的整体效率。此外，组串式逆变器还具有较好的阴影容忍能力和故障隔离能力，适合在光储直柔系统中使用。

（3）微型逆变器：微型逆变器为每个光伏模块提供独立的最大功率点跟踪，进一步提高了系统的效率和灵活性。然而，微型逆变器的成本较高，可能在经济性上不如组串式逆变器。

综合考虑效率、可靠性、成本等因素，组串式逆变器通常是光储直柔系统的首选。

2.逆变器效率与功率因数

逆变器的效率直接影响系统的整体能源转换效率。高效率的逆变器可以减少能源损失，提高系统的经济性。在选择逆变器时，应优先考虑具有高转换效率的产品。

此外，逆变器的功率因数也是重要指标之一。高功率因数逆变器可以减少无功功率损失，提高电网的传输效率。在光储直柔系统中，应选择功率因数接近于1的逆变器，以减少对电网的无功功率需求。

3.控制策略与保护功能

逆变器的控制策略和保护功能是确保其稳定运行和延长使用寿命的关键。在光储直柔系统中，逆变器应具备以下控制策略和保护功能：

（1）最大功率点跟踪控制：逆变器应能够实时监测光伏板的输出电压和电流，自动调整工作点以实现最大功率输出。

（2）孤岛检测与保护：在电网故障导致供电中断时，逆变器应能够迅速检测到孤岛状态并切断与电网的连接，以保护人员和设备安全。

（3）过压/欠压保护：逆变器应能够实时监测直流母线电压和交流输出电压，当电压超过或低于设定阈值时自动切断输出以保护系统安全。

（4）过流/短路保护：逆变器应能够实时监测输出电流，当电流超过设定阈值时自动切断输出以防止设备损坏。

4.逆变器与储能装置的集成

在光储直柔系统中,逆变器与储能装置的集成至关重要。逆变器应具备与储能电池双向通信和控制的能力,以实现对储能电池的智能充放电管理。此外,逆变器还应具备电池均衡功能,以延长储能电池的使用寿命。

(二)光储直柔系统架构设计

光储直柔系统的架构设计需考虑多个方面,包括系统拓扑结构、能量管理策略、通信协议以及系统监控与保护等。

1.系统拓扑结构

光储直柔系统的拓扑结构通常包括光伏阵列、储能装置、直流配电网络、逆变器和交流负载等部分。系统拓扑结构的设计应满足以下要求:

(1)模块化设计:系统应采用模块化设计思想,便于扩展和升级。各个模块之间应具有良好的兼容性和互换性。

(2)高可靠性:系统应具备较高的可靠性,能够在各种工况下稳定运行。关键设备应采用冗余设计以提高系统的容错能力。

(3)灵活性:系统应具备较高的灵活性,能够根据不同的应用场景和需求进行调整和优化。

2.能量管理策略

光储直柔系统的能量管理策略是确保系统高效稳定运行的关键。能量管理策略应综合考虑光伏发电、储能装置和负载的实时需求,实现能量的优化配置和平衡。

一种常见的能量管理策略是基于规则的控制策略。该策略根据系统的实时状态(如光照强度、储能电池电量、负载需求等)预设一系列规则,通过判断系统状态与规则的匹配程度来决定系统的运行模式和参数设置。此外,还可以采用基于人工智能的能量管理策略,如模糊控制、神经网络等。这些策略能够根据系统的历史数据和实时信息进行学习和预测,以实现对系统能量的更精确和智能的管理。

3. 通信协议

光储直柔系统中的各个设备之间需要进行实时通信以实现信息的共享和协同工作。因此，选择合适的通信协议对于系统的整体性能和可靠性至关重要。

常用的通信协议包括 Modbus、CAN 总线、Ethernet 等。在选择通信协议时，应综合考虑系统的规模、复杂度、传输距离和速率等因素。对于大型光储直柔系统，Ethernet 通信协议因其高速、可靠和易于扩展的特点而得到广泛应用。

4. 系统监控与保护

光储直柔系统应具备完善的监控与保护机制以确保系统的安全运行。监控系统应能够实时监测系统的各个参数（如电压、电流、功率、温度等）并显示在系统界面上。当系统参数异常时，监控系统应能够自动报警并采取相应的保护措施（如切断输出、启动备用设备等）。

此外，系统还应具备故障记录和诊断功能，以便在故障发生时能够快速定位原因并采取相应的修复措施。故障记录应详细记录故障发生的时间、位置、类型等信息，以便后续分析和处理。

三、光储直柔系统提高光伏系统效率的策略

随着全球对可再生能源需求的持续增长，光伏系统作为太阳能利用的主要方式之一，其效率的提升成为研究热点。光储直柔系统，作为光伏技术与储能、直流配电及柔性用电控制的有机结合，为提升光伏系统效率提供了创新路径。

（一）光储直柔系统架构与原理

光储直柔系统，顾名思义，集成了光伏发电、储能、直流配电和柔性用电四大核心要素。光伏发电模块负责将太阳能转化为电能；储能系统存储多余的电能，并在需要时释放；直流配电系统减少电能转换过程中的损失，提高传输效率；柔性用电控制则根据实际需求灵活调整电力供应与消费，实现

能源的高效利用。

（二）优化光伏组件与布局

光伏组件的效率直接影响整个系统的发电能力。选用高效率的光伏组件，如单晶硅或多晶硅高效电池，是提高系统效率的基础。随着技术的进步，钝化发射极和背面接触、异质结等新型高效电池的应用，进一步提升了光伏组件的转换效率。

根据太阳位置的变化，动态调整光伏板的角度或使用太阳能跟踪系统，可以最大化接收太阳辐射，尤其是在日照时间较长的地区，这一策略尤为重要。此外，合理的布局设计，如采用东西向双轴跟踪系统，可以进一步增加日照时长，提高发电效率。

（三）储能系统的集成与优化

锂离子电池因其高能量密度、长循环寿命和快速响应能力，成为当前储能系统的首选。但锂资源有限且成本较高，因此，探索钠离子电池、液流电池等新型储能技术，以及梯次利用电动汽车退役电池，也是提升系统经济性和可持续性的重要方向。

采用基于预测算法的智能充放电管理，根据天气预报、电网电价波动和用户用电需求，动态调整储能系统的充放电计划。例如，在光照充足且电价较低时充电，在用电高峰或电价较高时放电，既提高了能源利用效率，又降低了运营成本。

（四）直流配电系统的应用

相较于交流配电，直流配电在传输效率、设备简化、电网稳定性等方面具有显著优势。直流电无需频繁变换，减少了能量转换过程中的损耗，且直流电网对分布式能源的接入更为友好，便于实现能源的灵活调度和高效利用。

构建包含光伏、储能、直流负载的直流微电网，通过直流—直流变换器实现不同电压等级的直流电能转换，减少电能转换环节，提高整体效率。同时，直流微电网更易实现能源的即插即用，增强系统的灵活性和可扩展性。

（五）柔性用电与需求响应

通过智能电表、物联网等技术，实时监测用户用电行为，结合电价政策、天气预报等信息，智能调整家电、照明等设备的用电计划，实现用电的错峰、节电和自给自足。例如，在光照充足时自动开启洗衣机、热水器等大功率设备，利用光伏直供电，减少电网依赖。

建立需求响应平台，鼓励用户参与电网调度，根据电网负荷情况调整用电行为。通过经济激励（如峰谷电价、补贴政策）引导用户在用电高峰时段减少用电，低谷时段增加用电，既减轻了电网压力，也提高了光伏系统的利用率。

（六）系统集成与智能化管理

光储直柔系统的高效运行依赖于各组件间的无缝集成。采用模块化设计，便于系统的扩展和维护。同时，利用先进的通信技术，如5G、物联网等，实现系统各部分的远程监控和数据交换，提高系统的整体效能。

开发集成光伏发电预测、储能管理、电网调度、用户需求响应等功能的智能化管理系统。通过大数据分析、人工智能算法，对系统运行状态进行实时监测和优化，实现能源的高效配置和精细化管理。例如，利用机器学习预测光伏发电量和用户需求，提前制定储能充放电计划，确保系统运行的稳定性和经济性。

（七）政策与标准支持

政府应出台相关政策，鼓励光储直柔系统的研发和应用，如提供财政补贴、税收优惠、贷款贴息等激励措施，降低系统建设和运营成本，加速技术普及。

建立健全光储直柔系统的技术标准体系，包括系统设计、设备选型、安装调试、运行维护等方面的规范，确保系统的安全性、可靠性和互操作性，为行业的健康发展提供技术支撑。

第二节 储能系统的设计与优化

一、储能电池的选型与容量规划

在能源转型和可持续发展的背景下,储能电池作为连接能源生产和消费的桥梁,其重要性日益凸显。储能电池不仅能够平衡电力系统的供需,提高能源利用效率,还能促进可再生能源的广泛接入和高效利用。

(一)储能电池的选型原则

储能电池的选型是储能系统设计与优化的关键环节,需综合考虑多个因素,以确保系统的高效、安全、可靠运行。

(1)性能参数:包括能量密度(单位重量或体积存储的能量)、功率密度(单位时间可释放或吸收的功率)、循环寿命(充放电次数)、充放电效率(充入电能与放出电能之比)以及自放电率(电池在静置状态下电量的自然减少速度)等。

(2)安全性:电池在使用过程中应具备良好的热稳定性、化学稳定性和机械稳定性,避免发生火灾、爆炸等安全事故。

(3)成本效益:包括电池的初始投资成本、运维成本以及全生命周期成本(考虑更换、回收等因素)。

(4)环境适应性:电池应能在预定的环境条件下(如温度、湿度、海拔等)正常工作,且对环境的影响小。

(5)技术成熟度与供应链稳定性:选择技术成熟、产业链完善、供应稳定的电池类型,有助于降低风险,确保系统的长期稳定运行。

(二)常见电池类型分析

锂离子电池因其高能量密度、长循环寿命和快速响应能力,成为当前储能领域的主流选择。其中,磷酸铁锂电池因其安全性高、成本低、循环寿命长而广泛应用于大型储能系统；三元锂电池则因其更高的能量密度和较好的低温性能，在电动汽车和便携式储能产品中占据主导地位。

铅酸电池技术成熟、成本低廉，但能量密度较低，循环寿命较短，且含有重金属铅，对环境有一定影响。因此，铅酸电池逐渐被锂离子电池等新型电池所取代，但在某些特定领域（如备用电源）仍有一定应用。

钠离子电池作为锂离子电池的潜在替代品，具有资源丰富、成本低廉的优势。然而，其技术尚处于研发阶段，循环寿命、能量密度等性能参数还需进一步提升。

液流电池是一种新型储能技术，通过电解液的循环流动实现电能的存储和释放。其优点在于能量密度高、循环寿命长、安全性好，且电解液可循环利用，降低了全生命周期成本。然而，液流电池的技术复杂性和成本问题仍需进一步解决。

其他电池类型，如镍氢电池、镍镉电池、超级电容器等，在特定应用场景下也具有一定的应用价值。

（三）储能电池的容量规划方法

储能电池的容量规划需综合考虑系统的能量需求、功率需求、充放电策略以及经济性等因素。

（1）能量需求法：根据系统的日/周/月能量需求，结合储能电池的充放电效率，计算所需储能电池的总能量容量。这种方法适用于能量需求相对稳定且可预测的场景。

（2）功率需求法：根据系统的最大/平均功率需求，结合储能电池的功率密度和充放电时间，计算所需储能电池的功率容量。这种方法适用于功率需求波动较大或需要快速响应的场景。

（3）综合法：结合能量需求法和功率需求法，同时考虑系统的能量和功率需求，以及储能电池的充放电策略和经济性，进行综合规划。这种方法更为全面、准确，但计算过程相对复杂。

在进行容量规划时，还需考虑以下因素：

（1）充放电策略：不同的充放电策略（如恒流充放电、恒压充放电、脉冲充放电等）会影响储能电池的容量利用率和循环寿命。

（2）备用容量：为确保系统的可靠性，通常需要预留一定的备用容量，以应对突发情况或预测误差。

（3）经济性分析：通过比较不同容量配置下的全生命周期成本（包括初始投资、运维成本、更换成本等），选择经济性最优的方案。

二、电池管理系统的功能与设计

电池管理系统（Battery Management System，以下简称 BMS）是电动汽车、储能系统等应用中的关键技术，负责监控和管理电池储能单元，确保电池在充放电过程中的安全使用。BMS 的功能多样且复杂，设计也需考虑多方面的因素。

（一）BMS 的功能

BMS 的主要功能包括电池端电压的测量、单体电池间的能量均衡、荷电状态和健康状态的估算、功率输入输出的限制、充电曲线的控制，以及电池组与负载的隔离等。具体来说，BMS 的功能可以细分为以下几个方面：

（1）电池状态监测：BMS 实时采集电池的电压、电流和温度等参数，以评估电池的状态，包括荷电状态、健康状态和功率状态。这些参数对于确保电池的安全运行和延长寿命至关重要。

（2）电池保护：BMS 具备电池过充、过放、过热、短路等异常情况下的主动防护功能。例如，当电压小于过放阈值、大于过充阈值、充放电电流大于阈值、温度高于阈值时，BMS 会关闭电池并报警或记录这些事件。

（3）电池均衡：由于电池单体之间的差异，BMS 需要通过电池均衡技术调整电池单体之间的电压和容量，以实现电池组的一致性。均衡技术包括主动均衡和被动均衡两种方式。

（4）热管理：电池在充放电过程中会产生热量，BMS 通过热管理技术控制电池的温度，保证电池在适宜的温度范围内工作。热管理技术主要包括空气冷却、液体冷却和相变材料冷却等方式。

（5）故障诊断与保护：BMS能够识别和诊断电池的各种异常情况，如过充、过放、过热、短路等，并采取相应的保护措施。同时，BMS还具备故障记录和报警功能，提醒用户及时处理电池故障。

（6）通信与数据管理：BMS通过通信模块实现与车辆其他系统（如车载信息显示系统、能量管理系统等）的数据交换，同时记录电池的运行数据，如电压、电流、温度、SOC、SOH等，以便于对电池的性能和状态进行分析。

（7）用户交互与远程监控：BMS允许用户与系统进行交互，设置参数、查看电池状态等。一些先进的BMS系统还具备远程监控功能，允许通过移动设备或服务器实时监控电池状态。

（二）BMS的设计

BMS的设计是一个复杂而精细的过程，涉及多个模块和技术的协同工作。

1. 硬件架构

BMS通常采用三级架构，包括电池总控单元、电池主控单元和电池信息监测单元。主控单元负责收集从板的采样信息，并通过低压电气接口与整车进行通信，控制电池断路单元内的继电器动作。从板则监控模组的单体电压、单体温度等信息，并将信息传输给主控单元，同时具备电池均衡功能。电池断路单元通过高压电气接口与整车高压负载和快充线束连接，包含预充电路、总正继电器、总负继电器、快充继电器等，受主板控制。

2. 软件设计

BMS的软件设计包括数据采集、处理、计算、控制算法执行、故障诊断、通信管理等多个方面。工程师需要开发一系列反馈和监控功能，包括监测电芯电压和温度、估算荷电状态和健康状态、限制功率输入和输出、控制充电曲线、平衡各个电芯的荷电状态等。这些功能可以通过Simulink建模和仿真功能来支持，包括单电芯等效电路建模和参数化、电子电路设计、控制逻辑、自动代码生成以及验证和确认。

3.核心元件选择

（1）微控制器单元：微控制器单元作为BMS的核心元件，负责电池数据的采集、处理、计算。高性能的微控制器单元可以提高BMS的响应速度和控制精度，而低功耗的微控制器单元有助于延长电池的使用寿命。

（2）模拟前端：模拟前端负责处理电池的电压和电流信号，为系统提供精确的测量数据。模拟前端的设计质量直接影响到BMS的性能，包括测量精度、响应速度和整体可靠性。

（3）温度传感器：用于采集电池的温度，是确保电池安全运行和延长寿命的关键参数。

（4）通信模块：实现BMS内部各模块之间的数据交换，以及与车辆其他系统的数据通信。常见的通信方式包括控制器局域网总线、以太网、无线通信等。

（5）电量计：负责计算电池预估的荷电状态。采用专用电量计集成电路可以提高荷电状态的估算精度，降低微控制单元的计算要求，从而提升整个系统的效率。

4.设计流程

BMS的设计流程一般包括需求分析、系统结构设计、硬件选型、软件设计与实现、测试和调试等环节。设计人员需要根据整车的设计要求，确定电池系统的工作电压、可用能量及充放电功率需求，选择合适的电芯，并设计电池的组合结构。同时，确定BMS的需求并进行功能设计，包括数据采集、状态监测、均衡控制、热管理、安全保护、信息管理等功能。最后，通过仿真模拟和具体试验来验证设计的可行性与有效性。

三、储能系统的效率与寿命考量

在当今能源转型的大背景下，储能系统作为连接能源生产与消费的关键环节，其重要性日益凸显。无论是对于可再生能源的消纳、电力系统的稳定，还是对于能源利用效率的提升，储能系统都发挥着不可替代的作用。然而，储能系统的效率与寿命，作为评价其性能和经济性的核心指标，一直是业界关注的焦点。

（一）储能系统的效率定义与重要性

储能系统的效率，简而言之，是指系统储存能量与释放能量之间的比值，即输出能量与输入能量之比。这一指标直接反映了储能系统在能量转换过程中的损失情况，是衡量其性能优劣的重要标准。高效率的储能系统能够减少能源浪费，提高能源利用效率，降低运营成本，对于促进能源可持续发展具有重要意义。

（二）影响储能系统效率的因素

储能系统的效率受多种因素影响，主要包括以下几个方面：

（1）技术类型：不同的储能技术（如锂离子电池、钠硫电池、液流电池、压缩空气储能等）具有不同的能量转换效率。例如，锂离子电池在充放电过程中的能量损失相对较小，因此其效率通常较高。

（2）系统设计与集成：储能系统的设计与集成水平直接影响其效率。合理的系统架构、优化的组件选择、高效的热管理等都是提高系统效率的关键因素。

（3）运行策略：储能系统的运行策略，包括充放电速率、充放电深度、循环次数等，都会对效率产生影响。过快的充放电速率或过深的充放电深度都可能导致能量损失增加，降低系统效率。

（4）环境因素：温度、湿度、海拔等环境因素也会对储能系统的效率产生影响。例如，高温环境可能导致电池内部化学反应加速，从而增加能量损失。

（5）维护与管理：定期的维护与管理对于保持储能系统的高效运行至关重要。缺乏维护可能导致系统性能下降，效率降低。

（三）提升储能系统效率的策略

针对上述影响因素，可以采取以下策略来提升储能系统的效率：

（1）选择高效技术：根据应用场景和需求，选择能量转换效率高的储能技术。同时，关注新技术的发展动态，及时引入更高效的技术方案。

（2）优化系统设计与集成：通过仿真模拟、实验验证等手段，优化储能系统的设计与集成。采用先进的热管理技术、智能控制策略等，提高系统整体的能量转换效率。

（3）制定合理的运行策略：根据储能系统的特性和应用场景，制定合理的充放电策略。避免过快的充放电速率和过深的充放电深度，以减少能量损失。

（4）改善环境条件：通过安装空调、遮阳棚等设施，改善储能系统所处的环境条件。降低温度波动和湿度变化对系统效率的影响。

（5）加强维护与管理：建立完善的维护管理体系，定期对储能系统进行检查、测试和保养。及时发现并处理潜在问题，确保系统始终处于最佳工作状态。

（四）储能系统的寿命评估与延长方法

储能系统的寿命是指其能够保持规定性能水平的时间长度。寿命评估是判断储能系统经济性和可靠性的重要依据。影响储能系统寿命的因素主要包括技术类型、制造工艺、运行环境、使用方式等。

为了延长储能系统的寿命，可以采取以下方法：

（1）选择高质量组件：采用高质量的原材料和制造工艺，确保储能系统各组件的可靠性和耐用性。这是延长系统寿命的基础。

（2）优化系统设计：通过优化系统设计，减少组件之间的应力集中和磨损。例如，采用模块化设计，便于维修和更换损坏的组件。

（3）控制运行环境：严格控制储能系统的运行环境，避免极端温度、湿度、振动等条件对系统造成损害。安装适当的保护设施，如防尘网、减震器等。

（4）合理使用与维护：遵循储能系统的使用说明书，合理使用系统。避免过度充放电、频繁启停等不当操作。同时，建立完善的维护制度，定期对系统进行保养和检修。

（5）技术升级与改造：随着技术的进步，适时对储能系统进行技术升级和改造。引入新的组件和技术，提高系统的性能和可靠性，从而延长其寿命。

（6）智能监控与预警：建立智能监控系统，实时监测储能系统的运行状态和性能参数。通过数据分析，及时发现潜在问题并发出预警。这有助于提前采取措施，防止问题恶化，从而延长系统寿命。

四、储能系统的安全性与可靠性保障

储能系统作为现代能源体系中的重要组成部分，其安全性和可靠性对于电力系统的稳定运行、能源的高效利用以及环境保护等方面具有至关重要的作用。随着储能技术的不断发展和应用领域的不断拓展，如何确保储能系统的安全性和可靠性，已成为行业内外广泛关注的焦点。

（一）储能系统的安全风险分析

储能系统在运行过程中可能面临多种安全风险，主要包括火灾、爆炸等严重事故。这些风险通常来源于以下几个方面：

（1）电池安全问题：电池作为储能系统的核心组件，其过热、短路、过充等问题都可能导致火灾或爆炸。此外，电池的老化和失效也会带来安全隐患。

（2）电气安全问题：电气设备的故障、过载、短路等电气问题也可能引发火灾或电击事故。

（3）环境因素：高温、潮湿、腐蚀等环境因素对储能设备的性能和安全都有较大影响。例如，高温可能导致电池内部化学反应加速，增加能量损失和安全隐患。

（二）储能系统的可靠性问题分析

除了安全风险，储能系统还可能面临可靠性问题，这些问题可能导致系统性能下降、运行不稳定甚至停机。主要包括：储能系统中的设备如电池、充电器、逆变器等，都可能因老化、磨损或设计缺陷等原因出现故障。储能系统通常需要与其他系统进行数据交换和通信，通信中断可能导致系统无法正常工作。

（三）安全策略与可靠性保障措施

在设备选型时，应选择质量可靠、性能稳定的产品。符合国际安全标准（如IEC62619）的电芯和获得UL9540A认证的电池系统，意味着其已通过模拟热失控测试，具有较高的安全性。通过仿真模拟、实验验证等手段，优化储能系统的设计与集成。合理的热设计和管理对于储能系统的稳定性至关重要，可以通过风扇、液冷等散热装置降低电池温度，提高电池寿命和安全性。

建立健全的安全管理制度，明确安全责任，加强安全培训和意识教育。定期进行安全检查和隐患排查，确保设备的安全运行。引入智能监控技术，利用物联网、大数据等先进技术对储能系统进行实时监控和预警，及时发现并处理潜在的安全隐患。采用先进的控制技术和优化算法，如智能充电控制、能量管理等，以提高储能系统的稳定性和效率。

对于关键设备和系统，应建立备份和容错机制，确保在设备故障或通信中断时系统仍能正常运行。在设备设计和选型时，应充分考虑环境因素对设备性能和安全的影响，采取相应的防护措施。例如，针对高温、潮湿、腐蚀等环境，采用耐高温、防腐蚀的材料和涂层。针对可能发生的突发事件，如火灾、爆炸等，制定详细的应急预案，并进行应急演练。确保在紧急情况下能够迅速、有效地应对。

（四）具体的安全保障措施

电池管理系统负责即时监测电池的关键参数，如电压、电流、温度等，并在异常情况下向上层管理系统报告。通过BMS的监控和管理，可以防止电池过充、过放、过热等情况的发生，确保电池的安全运行。

能量管埋系统负责数据的存储和分析，通过连续数据分析当前的运行状况，能够更好地预测和提前预警储能系统安全性的演化趋势。持续改进EMS技术可以带来显著的安全收益。

储能系统应配备先进的消防系统，包括自动灭火装置、烟感、可燃气体检测等火灾识别技术。通过多层次预警系统和联动控制系统的协调配合，能够快速响应火灾威胁并自动启动灭火程序。检查电气线路、开关设备等，确保其符合相关电气安全标准，如 IEC 60364 或北美 NEC706 等。配备先进的熔断系统，以保护储能安装免受短路风险。

对于采用锂离子电池的储能系统，特别注意火灾和爆炸风险，采取相应防火措施，如使用耐火和隔热性能良好的外壳。安装泄爆板等装置，以在火灾发生时减轻内部压力，保护人员安全。定期对储能系统进行维护检查，包括电池性能检测、电气连接检查等，确保系统处于良好状态。及时发现并处理潜在问题，防止问题恶化导致安全事故。

第三节 直流配电系统的设计与优化

一、直流配电系统的架构与选型

随着可再生能源的快速发展和电力电子技术的进步，直流配电系统因其高效、灵活、易于接入分布式电源等优势，逐渐成为现代电网的重要组成部分。直流配电系统的架构与选型，直接关系到系统的性能、经济性、可靠性和安全性。

（一）直流配电系统的基本架构

直流配电系统的基本架构主要由电源侧、变换器、直流母线、负荷侧以及控制系统等组成。电源侧可以包括可再生能源（如太阳能、风能）、储能系统（如电池、超级电容器）以及交流电网等；变换器则负责将不同形式的电能转换为直流电，并调节电压等级和电流；直流母线作为电能传输的通道，将电能从电源侧输送到负荷侧；负荷侧则包括各种直流用电设备，如数据中心、电动汽车充电桩等；控制系统则负责监控和调节整个系统的运行状态，确保系统的安全、稳定和高效运行。

（二）关键组件选型

变换器是直流配电系统的核心组件之一，其选型直接关系到系统的性能和效率。常见的变换器类型包括两电平换流器、MMC 换流器等。两电平换流器结构简单、控制方便，适用于中小规模直流配电系统；MMC 换流器则具有电压等级高、传输容量大、可靠性高等优点，适用于大规模直流配电系统。在选型时，应根据系统的电压等级、传输容量、控制要求等因素进行综合考虑。

直流断路器是直流配电系统中的重要保护设备，其选型应满足快速切断故障电流、防止系统崩溃等要求。目前，直流断路器技术仍在不断发展和完善中，选型时应关注其分断能力、动作时间、可靠性等指标。直流母线作为电能传输的通道，其选型应满足电流容量大、电阻小、散热性好等要求。常见的直流母线材料包括铜、铝等，选型时应根据系统的电流容量、散热条件等因素进行综合考虑。控制系统是直流配电系统的大脑，负责监控和调节整个系统的运行状态。在选型时，应关注其控制精度、响应时间、稳定性等指标，并考虑与现有电网控制系统的兼容性。

（三）拓扑结构选择

直流配电系统的拓扑结构直接影响其供电可靠性、电能质量以及运行灵活性。常见的拓扑结构包括辐射式结构、单端环式结构、双端式/多端式结构以及多端环式结构等。辐射式结构取自单个上级电源，通过单路或双路辐射出线。单路辐射结构不能满足"N-1"校核（即任一元件故障时，系统仍能继续供电），适用于电动汽车充换电设施等可靠性要求一般的场所；双路辐射结构则满足"N-1"校核，适用于可靠性要求较高的场所。

单端环式结构取自单个上级电源，并采用双路出线形成环型供电网络。该拓扑满足"N-1"校核，可靠性较辐射式结构高，特别适用于分布式电源的多点分散接入。双端式/多端式结构取自 2 个及以上上级电源，采用单路或双路出线形式。单个电源故障时，所有负荷不失电，具有很高的供电可靠性，可满足多点分布式电源接入及高可靠供电需求。通过直流进行背靠背的交流供电系统也可采用双端式结构。

多端环式结构是在多端式结构的基础上，将多电源点出线形成环形网络闭环运行。该拓扑供电容量大、可靠性高、运行方式灵活，满足"N-1"校核，是直流配电系统发展后期的网络形态。可满足多点、大容量分布式电源的分散接入及高可靠供电需求。在选型时，应根据系统的供电可靠性要求、负荷分布特点、分布式电源接入需求等因素进行综合考虑。

（四）电压等级确定

直流配电系统的电压等级直接影响其传输容量、电能质量以及设备选型。电压等级越高，传输容量越大。因此，在确定电压等级时，应充分考虑系统的传输容量需求。电压等级的选择还会影响系统的电能质量。一般来说，电压等级越高，电能质量越好。但是，过高的电压等级也可能带来设备选型困难、成本增加等问题。

不同电压等级的直流配电系统所需的设备类型、规格和数量也不同。在确定电压等级时，应充分考虑设备选型与成本因素，选择经济、合理的电压等级方案。电压等级的选择还会影响系统的安全性和可靠性。过高的电压等级可能带来安全隐患和可靠性问题。因此，在确定电压等级时，应充分考虑系统的安全性和可靠性要求。

在实际应用中，直流配电系统的电压等级通常根据具体应用场景和需求进行确定。例如，在数据中心、居民楼宇等直流负荷集中区应用场景中，可以采用中低压直流配电系统；在电动汽车充换电设施等应用场景中，则可能需要更高的电压等级以满足快速充电需求。

二、直流配电系统的保护与控制

直流配电系统作为现代电力系统的重要组成部分，其保护与控制技术对于确保系统的安全、稳定和高效运行至关重要。随着可再生能源的大规模并网、分布式电源和储能技术的快速发展，直流配电系统面临着更加复杂多变的运行环境和挑战。因此，研究和应用先进的保护与控制技术，对于提升直流配电系统的性能、增强系统的适应性和可靠性具有重要意义。

（一）直流配电系统的保护技术

直流配电系统的保护技术主要包括故障检测、故障隔离和故障恢复等方面。故障检测是保护技术的第一步，其目的是及时准确地发现系统中的故障；故障隔离则是在检测到故障后，迅速将故障部分与系统其他部分隔离，防止故障扩散；故障恢复则是在隔离故障后，采取措施恢复系统的正常运行。直流配电系统中的故障检测通常依赖于各种传感器和监测设备，如电流传感器、电压传感器、温度传感器等。这些传感器能够实时监测系统中的各种电气量和物理量，一旦发现异常，立即向保护系统发出报警信号。此外，还可以利用先进的信号处理技术，如小波变换、傅里叶变换等，对监测信号进行分析和处理，提高故障检测的准确性和可靠性。

故障隔离是保护技术的关键环节。在直流配电系统中，常用的故障隔离装置包括直流断路器、熔断器等。直流断路器能够在检测到故障后迅速切断电路，将故障部分与系统其他部分隔离。熔断器则是一种简单的过电流保护装置，当电流超过设定值时自动熔断，切断电路。此外，还可以利用换流器的快速调节能力，将控制系统与保护系统相结合，形成自适应的保护系统，以提高故障隔离的速度和准确性。故障恢复是保护技术的最终目标。在直流配电系统中，故障恢复通常依赖于冗余设计、备用电源和自动切换等技术。通过冗余设计，系统可以在部分设备或线路故障时仍能保持正常运行；备用电源则可以在主电源故障时提供临时供电；自动切换技术则可以在检测到故障后迅速将负荷转移到其他正常运行的设备或线路上。

（二）直流配电系统的控制技术

直流配电系统的控制技术主要包括电压控制、电流控制和功率控制等方面。这些控制技术能够确保系统的稳定运行、提高电能质量和优化能源分配。电压控制是直流配电系统中最基本的控制技术之一。其目标是维持直流母线的电压稳定，确保系统各部分的正常运行。在直流配电系统中，常用的电压控制方法包括主从控制、下垂控制等。主从控制是一种单点直流电压控制方法，利用一个换流站（主换流站）平衡系统有功功率，控制系统直流电压；下垂控制则是一种分布式电压控制方法，每个换流站根据自身的功率输出自动调整输出电压，以实现系统的功率平衡和电压稳定。

电流控制是直流配电系统中另一个重要的控制技术。其目标是确保系统各部分的电流平衡和稳定，防止过电流和短路等故障的发生。在直流配电系统中，常用的电流控制方法包括恒流控制、限流控制等。恒流控制能够确保系统各部分的电流恒定不变；限流控制则能够在检测到过电流时迅速采取措施限制电流的大小，防止故障扩散。功率控制是直流配电系统中最复杂的控制技术之一。其目标是优化能源分配、提高电能质量和实现系统的经济运行。在直流配电系统中，常用的功率控制方法包括最大功率点跟踪控制、功率平衡控制等。最大功率点跟踪控制能够确保分布式电源和储能系统以最大功率输出电能；功率平衡控制则能够根据系统的负荷变化和电源输出情况，自动调整各部分的功率输出，实现系统的功率平衡和稳定运行。

（三）直流配电系统保护与控制技术的发展趋势

随着直流配电系统的不断发展和应用领域的不断拓展，其保护与控制技术也在不断发展和完善。未来，直流配电系统保护与控制技术的发展趋势主要包括以下几个方面：

智能化和自适应化是未来直流配电系统保护与控制技术的发展方向之一。通过引入先进的人工智能技术、大数据分析和云计算等技术手段，可以实现直流配电系统的智能化监测、预警和控制。同时，根据系统的实际运行情况和外部环境变化，自适应地调整保护与控制策略，提高系统的适应性和可靠性。

分布式和协同化是未来直流配电系统保护与控制技术的另一个重要趋势。随着分布式电源和储能系统的大规模并网以及微电网和智能电网的发展，直流配电系统需要实现分布式电源和储能系统的协调控制和优化运行。通过分布式控制和协同控制策略，可以实现直流配电系统的全局优化和稳定运行。高效化和环保化是未来直流配电系统保护与控制技术的另一个重要目标。通过优化保护与控制策略，减少系统的能量损耗和环境污染；同时，采用可再生能源和清洁能源作为系统的能源来源，实现直流配电系统的可持续发展。

三、直流配电系统的效率优化

直流配电系统作为现代电力系统的重要分支，以其高效、灵活和可靠的特点，在分布式能源接入、电动汽车充电、数据中心供电等领域展现出巨大潜力。然而，如何进一步优化直流配电系统的效率，降低能量损耗，提高能源利用率，是当前研究的重要课题。

（一）直流配电系统效率优化的理论基础

直流配电系统的效率优化首先建立在对其工作原理和能量流动深刻理解的基础之上。直流电相较于交流电，在传输过程中没有相位差和频率变化，因此理论上具有更低的能量损耗。然而，在实际应用中，直流配电系统的效率受到多种因素的影响，包括电源转换效率、线路损耗、负荷特性以及系统控制策略等。

（1）电源转换效率：直流配电系统中的电源，无论是可再生能源发电设备还是储能系统，其能量转换效率直接关系到系统的整体效率。提高电源转换效率，需要优化发电设备的运行参数，如光伏板的光照角度、风力发电机的转速控制等，以及采用高效的电力电子变换技术。

（2）线路损耗：直流电在传输过程中虽然不存在相位差引起的损耗，但线路电阻和电感仍会导致能量损失。减少线路损耗，可以通过优化线路设计，如选择低电阻率的导体材料、增加导体截面积、缩短传输距离等措施来实现。

（3）负荷特性：负荷的功率因数、谐波含量等特性会影响系统的电能质量，进而影响效率。通过改善负荷的功率因数，减少谐波污染，可以提高系统的整体效率。

（4）系统控制策略：合理的控制策略能够优化系统的运行状态，提高能源利用效率。例如，通过智能调度算法，实现电源的灵活接入和负荷的按需分配，减少不必要的能量转换和损耗。

（二）技术改进与系统设计优化

电力电子变换器是直流配电系统中的关键组件，其效率直接影响系统的整体效率。采用软开关技术、谐振变换技术等先进的电力电子变换技术，可以显著降低变换器的开关损耗，提高能量转换效率。通过引入智能调度算法和能量管理系统，实现电源的灵活接入、储能系统的优化充放电以及负荷的智能分配。这不仅可以提高系统的能源利用效率，还可以增强系统的稳定性和可靠性。

采用模块化与标准化设计，可以降低直流配电系统的建设和运营成本，提高系统的可维护性和可扩展性。模块化设计使得系统可以根据实际需求进行灵活扩展，而标准化设计则有利于降低组件的采购成本和提高生产效率。直流母线是直流配电系统中的能量传输通道，其性能直接影响系统的效率和稳定性。采用高性能的直流母线技术，如高压直流母线、超导直流母线等，可以显著提高系统的能量传输效率和稳定性。

（三）运营管理层面的效率优化

通过实时监测系统的运行状态和参数，及时发现并处理潜在的故障和异常，可以避免因故障导致的能量损耗和系统停机。同时，利用大数据分析技术，对系统的历史数据进行挖掘和分析，可以预测系统的未来运行状态，为优化运营策略提供数据支持。

合理的维护策略可以延长系统的使用寿命，减少因设备老化或损坏导致的能量损耗。通过制定科学的维护计划和采用先进的维护技术，如预防性维护、状态监测维护等，可以提高系统的可靠性和效率。在运营管理层面，还可以采取一系列能源管理和节能措施来提高系统的效率。例如，通过优化负荷的运行模式，减少不必要的能耗；通过合理利用可再生能源和储能系统，实现能源的梯级利用和循环利用；通过加强能源审计和能效评估，及时发现并改进系统中的能效瓶颈。

四、直流配电系统与建筑的融合

随着科技的进步和人们生活水平的提高，现代智能建筑对电力负荷的需求日益多样化，传统的交流供电系统已经难以满足这种现状。直流供电系统因其高效、节能、环保等优点，逐渐成为智能建筑中重要的供电模式。

（一）直流配电系统的原理与优势

直流配电系统通过采用直流母线，在交流电网、储能装置和分布式电源的共同供电和母线电压控制、变流器协调控制基础上，实现建筑高效供电的目标。相较于交流供电系统，直流供电系统省去了许多电能转换环节，不仅可以减少电能的损耗，提高电能利用效率，也能够减少电力系统管理环节，保证电能供应的可靠性。

直流供电系统采用正、负两极方式，交流供电系统通常为三相电，导线为四条或者五条。以同一电压等级为准，直流供电系统在导线上发生的电能损耗远远低于交流供电系统，且不会发生涡流效应、集肤效应以及无功损耗，整体的线路损耗得到有效降低。

直流供电系统中，交流和直流转换的次数减少，有效降低了由于转换导致的损耗。在直流供电系统中，无功补偿、频率波动等问题都可以避免，加上分布式储能技术的支持，可以有效保证电能质量。

直流供电系统有效解决了供电不稳定问题。即使有一极发生故障，另一极也可以提供一半功率电能，不会像交流供电一相故障则全线停电一样，供电的可靠性得到保障。直流供电系统在电磁场强度、影响范围等方面都会远远超出交流供电系统，电磁辐射污染、电磁干扰和电晕损耗等也较小，因此能够有效降低污染。

（二）直流配电系统在智能建筑中的应用

在现代智能建筑中，需要以建筑本体作为基础平台，通过对系统、结构、管理和服务的优化组合，实现建筑的办公、生活和通信功能，创造高效、舒适的环境。直流供电系统能够有效满足智能建筑的供电需求，其基本架构包括直流母线、储能装置、分布式电源、变流器以及智能控制系统等。在智能建筑直流供电系统中，如果电压标准过低，就需要增加电缆直径，增大布线难度，导致线路损耗增大、成本增加；如果电压标准过高，容易造成一定安全隐患。因此，需要选择适当的直流电压等级标准，确保直流供电系统的正常、稳定运行。一般来说，300V 直流母线主要负责大电网电力能源的接入和高电压用电，48V 直流母线主要是满足用户电压照明设备、IT 设备等低压用电。

在建筑直流供电系统中，储能装置起着至关重要的作用。当市电中断时，蓄电池单独给通信设备供电。由于蓄电池通常处于充足电状态，所以市电短期中断时，由蓄电池保证不间断供电。此外，系统还可以通过风力、光伏等分布式能源进行补充供电，提高系统的灵活性和可靠性。在智能建筑的直流供电系统中，当设备负载功率较大时，当前直流开关和插头等装置难以保证用电过程的安全，容易引发用电安全事故。因此，需要加大在直流供电系统关键设备方面的投入，加强技术研发，提高关键设备水平，才能确保智能建筑直流供电系统的安全，促进其实际应用。

在直流供电系统中，存在有多种形式的能源，其特性各不相同，加上供电系统本身的孤岛运行、与大电网之间的并网运行和运行过程中各种状态的切换等，对整个系统的管理控制带来了极大困难。目前，主要采取电压下垂控制和主从控制两种方式，通过利用上层控制器实现对智能建筑内各种储能装置、电源设备等换流器的管理与控制，保证供电的可靠、稳定。

（三）直流配电系统在实际应用中的挑战

目前，国家对于直流电供电系统还缺乏相应的规范，主要包括电压形式以及电流型等技术问题还没有统一的标准。这给直流配电系统在智能建筑中的广泛应用带来了一定的困难。在智能建筑直流供电系统中，当设备负载功率较大时，当前直流开关和插头等装置难以保证用电过程的安全，容易引发用电安全事故。此外，直流供电系统中不会发生电流过零点，直流断路器，尤其是400V以上的中、高压直流断路器基本不存在，这对系统的安全防护提出了严峻的挑战。

相较于传统的交流供电系统，直流供电系统的建设和维护成本较高。这包括直流设备的采购、安装、调试以及后期的维护管理等费用。如何在保证系统性能的同时，降低建设和维护成本，是直流配电系统在智能建筑中广泛应用的关键。

第四节　柔性用电系统的设计与优化

一、柔性用电系统的需求分析与规划

随着全球能源结构的调整和智能电网技术的发展，柔性用电系统逐渐成为现代电力系统的重要组成部分。柔性用电系统通过集成先进的电力电子装置、储能系统、智能控制算法等，实现了对电能的高效、灵活和可靠管理。

（一）背景介绍

近年来，电力系统经历了显著的变化，包括可再生能源的大规模接入、远距离电力传输需求的增长以及电能质量的不断提升。这些变化对电力系统的安全、稳定和灵活性提出了更高要求。柔性用电系统作为一种新型的电力管理手段，通过集成先进的电力电子装置和智能控制算法，实现了对电能的灵活调节和高效利用，成为应对这些挑战的重要解决方案。

（二）柔性用电系统的需求分析

随着风能、太阳能等可再生能源的快速发展，其大规模接入电网已成为趋势。然而，可再生能源发电具有间歇性和波动性，给电网的稳定运行带来了挑战。柔性用电系统通过集成电力电子装置和储能系统，可以实现对可再生能源发电的灵活调节和高效利用，提高电网的稳定性和可靠性。随着城市化进程的加快，电力需求不断增长，远距离电力传输成为必然。柔性用电系统通过集成先进的电力电子装置和智能控制算法，可以实现电力的高效、灵活和可靠传输，满足远距离电力传输的需求。

随着电力电子设备的广泛应用，电网中的谐波污染、电压波动等问题日益突出，对电能质量提出了更高要求。柔性用电系统通过集成先进的电力电子装置和智能控制算法，可以实现对电能质量的实时监测和调节，提高电网的供电质量。随着智能电网的发展，用户侧的电力需求日益多样化，包括需求响应、电动汽车充电、智能家居等。柔性用电系统通过集成先进的电力电子装置和智能控制算法，可以实现对用户侧电力需求的灵活调节和高效利用，提高电网的灵活性和可靠性。

（三）柔性用电系统的规划原则

在规划柔性用电系统之前，需要对当前电网的运行状态和需求进行全面评估和分析。这包括分析电网的负载特征、传输损耗、电压稳定性等，以确定当前电力系统的性能瓶颈和潜在问题。根据电网的实际需求，合理确定柔性用电系统的布局和容量。柔性用电系统通常由多个可控电力电子装置组成，可以根据实际需求在电网中灵活地布置。在规划过程中，需要考虑柔性用电系统的布局和容量，确保其能够满足电力传输和调节的需求，并且能够与现有的电力系统无缝衔接。

柔性用电系统中的可控电力电子装置需要协调工作，以实现电力的高效传输和调节。在规划过程中，需要考虑柔性用电系统的协调控制策略，通过优化装置之间的相互作用，提高系统的响应速度和稳定性。

柔性用电系统的建设和运营需要耗费大量的投资和资源。在规划过程中，需要综合考虑其经济性和可靠性。通过科学合理地配置柔性用电系统的设备和容量，可以最大程度地降低系统的成本，并确保系统的可靠运行。柔性用电系统的建设和运营可能会对当地环境产生影响。在规划过程中，需要充分考虑环境因素，并采取相应的环保措施。此外，还需要考虑柔性用电系统对社会经济发展的促进作用，并积极与当地政府和社会各界沟通，确保项目的顺利推进。

(四)柔性用电系统的关键技术

电力电子技术是柔性用电系统的核心技术之一。通过集成先进的电力电子装置，如可控硅等，实现对电能的灵活调节和高效利用。储能技术是实现柔性用电系统的重要手段之一。通过集成先进的储能系统，如电池储能、抽水蓄能等，实现对电能的储存和释放，提高电网的稳定性和可靠性。

智能控制算法是实现柔性用电系统的重要支撑。通过集成先进的智能控制算法，如模糊控制、神经网络控制等，实现对电能的实时监测和调节，提高电网的灵活性和可靠性。通信技术是实现柔性用电系统的重要保障。通过集成先进的通信技术，如物联网、5G等，实现对电力设备的实时监测和远程控制，提高电网的智能化和可控性。

二、柔性用电系统的控制策略

柔性用电系统作为一种先进的电力管理技术，其核心在于通过集成电力电子装置、储能系统、智能控制算法等手段，实现对电能的灵活调节和高效利用。控制策略作为柔性用电系统的关键组成部分，对于确保系统的稳定运行和高效性能具有重要意义。

(一)需求响应在柔性用电系统中的控制策略

需求响应是指通过价格信号或激励措施，引导用户在高峰时段减少用电，从而平衡供需、降低峰值负荷并减少基础设施的投资和运行成本。

价格响应是指根据实时电价调整用电行为。在柔性用电系统中，可以通过智能电表和实时电价系统，将电价信息实时传输给用户，引导用户在电价高峰时段减少用电。这种策略不仅有助于平衡供需，还能有效降低用户的用电成本。直接负荷控制是指电网运营商在特殊情况下远程控制用户设备，以减少用电。在柔性用电系统中，可以通过智能控制算法和通信技术，实现对用户设备的远程控制。这种策略适用于应对紧急情况或突发事件，确保电网的稳定运行。

激励计划是指为参与需求响应计划的用户提供经济激励，鼓励他们改变用电行为。在柔性用电系统中,可以通过制定合理的激励政策,如峰谷电价、需求响应补贴等,引导用户积极参与需求响应计划。

(二)分布式可再生能源的整合策略

分布式可再生能源(如太阳能和风能)的接入对柔性用电系统的控制策略提出了更高要求。

主动功率控制是指通过协调分布式可再生能源的出力,实现电网功率平衡。在柔性用电系统中,可以通过智能控制算法和通信技术,实时监测分布式可再生能源的出力情况,并对其进行动态调整,确保电网的稳定运行。

分布式可再生能源通常缺乏无功功率支撑能力,当并网时会影响电网稳定性。在柔性用电系统中,可以通过集成无功功率补偿装置,如静止无功补偿器和静止同步补偿器,提供无功功率支撑,提高电网稳定性。分布式可再生能源的接入会导致配电网电压波动。在柔性用电系统中,可以通过智能控制算法和通信技术,实时监测配电网电压情况,并对其进行动态调整,确保电压稳定在合理范围内。

(三)储能系统在柔性用电系统中的控制策略

储能系统作为柔性用电系统的重要组成部分,对于提高电网的灵活性和可靠性具有重要意义。

储能系统可以作为可调电源,参与调峰调频,快速调节配电网频率和电压,保障电网稳定。在柔性用电系统中,可以通过智能控制算法和通信技术,实现对储能系统的实时监测和动态调整,确保其在调峰调频中发挥重要作用。储能系统可以通过充放电方式,注入或吸收无功功率,调节配电网电压。在柔性用电系统中,可以通过智能控制算法和通信技术,实现对储能系统的实时监测和动态调整,确保其在电压支撑中发挥重要作用。

储能系统可以吸收电网谐波和暂态电压,改善电能质量。在柔性用电系统中,可以通过智能控制算法和通信技术,实现对储能系统的实时监测和动态调整,确保其在电能质量改善中发挥重要作用。储能系统可以作为备用电源,在电网中断或故障时,快速向重要负荷供电。在柔性用电系统中,可以通过智能控制算法和通信技术，实现对储能系统的实时监测和动态调整，确保其在备用电源中发挥重要作用。

（四）通信和计算基础设施对柔性用电系统的支持

通信和计算基础设施是实现柔性用电系统智能控制的重要支撑。

通过先进的通信网络，如传感器、智能电表和光纤通信，实时收集运营数据，建立区域和广域态势感知系统。这有助于实现电网的实时监测和动态调整，确保系统的稳定运行。通过网络安全措施，确保数据的完整性和机密性，防止网络攻击和恶意干扰。这有助于保护关键基础设施和用户隐私，确保系统的安全可靠运行。

基于机器学习和人工智能的算法，持续监测配电网的测量数据，识别异常事件，触发警报并启动响应措施。这有助于及时发现并处理电网故障，确保系统的稳定运行。通过边缘计算设备，实现更快的决策和响应，提高控制的灵活性。同时，采用分布式控制架构，允许节点和代理协调行动，优化总体系统性能。通过云计算平台提供强大的计算能力，用于集中式优化算法，协调配电网的整体运营。同时，利用虚拟化和仿真技术，评估和改进柔性控制策略。

（五）多主体协同优化策略

柔性用电系统涉及多个主体，包括电网运营商、分布式电源、储能系统、用户等。

同时考虑配电网电压稳定、损耗、可靠性等多个优化目标。使用多目标优化算法，寻求帕累托最优解，在不同目标之间达到平衡。将配电网划分为多个子网，每个子网由分布式控制器控制。采用信息共享机制，协调不同子网之间的行为，实现全局优化目标。

基于实时监控数据和预测算法，动态调整配电网控制策略。采用滑动窗口技术，不断更新优化模型，适应环境变化。考虑配电网的各种不确定性因素，如负载波动、可再生能源出力变化等。使用鲁棒优化算法，寻找稳定可靠的解决方案，对扰动具有较强适应性。

（六）智能决策算法在柔性用电系统中的应用

智能决策算法是实现柔性用电系统智能控制的重要手段。通过集成人工智能、大数据、机器学习等技术，实现对电网的实时监测、预测和决策，提高系统的灵活性和可靠性。深度学习算法可以处理复杂的数据模式，提高预测准确度、异常检测和优化控制策略。在柔性用电系统中，可以通过深度学习算法对电网数据进行实时监测和分析，提高系统的预测和决策能力。

强化学习代理通过与配电网环境的交互学习最优控制策略，实现自动化和自主控制。在柔性用电系统中，可以通过强化学习算法对电网控制策略进行动态调整和优化，提高系统的灵活性和可靠性。

三、柔性用电系统的效率与稳定性

柔性用电系统作为一种先进的电力管理技术，通过集成电力电子装置、智能控制算法和分布式能源等手段，实现对电能的灵活调节和高效利用。在柔性用电系统的设计和运行过程中，效率与稳定性是两个至关重要的方面。

（一）柔性用电系统的效率

柔性用电系统的效率是指系统在将电能从输入端传输到输出端的过程中，所消耗的能量与输入能量之比。高效率意味着系统能够以较小的能量损失完成电能的传输和调节，从而提高整个电力系统的能效。影响柔性用电系统效率的关键因素包括电力电子装置的效率、智能控制算法的优化、分布式能源的有效整合以及储能系统的合理应用等。

1.电力电子装置的效率

电力电子装置是柔性用电系统的核心组成部分，其效率直接影响系统的整体效率。为了提高电力电子装置的效率，可以采取以下措施：

（1）选用高效电力电子器件：如绝缘栅双极型晶体管、金属—氧化物半导体场效应晶体管等高性能器件，具有较低的导通损耗和开关损耗。

（2）优化电路设计：通过合理的电路拓扑设计和参数选择，减少电路中的无功功率和谐波损耗。

(3)采用软开关技术：如零电压开关和零电流开关技术，减少开关过程中的能量损失。

2.智能控制算法的优化

智能控制算法在柔性用电系统中起着至关重要的作用，通过优化控制策略，可以减少不必要的能量损失，提高系统的效率。优化智能控制算法可以从以下几个方面入手：

(1)实时监测和动态调整：通过实时监测电网的运行状态，动态调整控制参数，使系统始终运行在最优状态。

(2)多目标优化：同时考虑系统的效率、稳定性、可靠性等多个目标，通过多目标优化算法，寻求全局最优解。

(3)预测控制：利用大数据和机器学习技术，对电网的运行状态进行预测，提前调整控制策略，减少能量损失。

3.分布式能源的有效整合

分布式能源（如太阳能、风能等）的接入为柔性用电系统提供了新的能源来源，但同时也带来了新的挑战。为了有效整合分布式能源，提高系统的效率，可以采取以下措施：

(1)主动功率控制：通过协调分布式能源的出力，实现电网功率平衡，减少不必要的能量损失。

(2)智能调度：根据电网的需求和分布式能源的出力情况，智能调度分布式能源的运行，提高系统的整体效率。

(3)储能系统的应用：通过储能系统的充放电调节，平抑分布式能源出力的波动性，提高系统的稳定性和效率。

4.储能系统的合理应用

储能系统在柔性用电系统中起着至关重要的作用，通过储能系统的充放电调节，可以实现电能的灵活调节和高效利用。为了提高储能系统的效率，可以采取以下措施：

(1)选用高效储能技术：如锂离子电池、超级电容器等高效储能技术，具有较高的能量转换效率和较长的使用寿命。

（2）智能充放电控制：通过智能控制算法，实时监测电网的运行状态，动态调整储能系统的充放电策略，提高系统的整体效率。

（3）热管理：对于某些储能技术（如锂离子电池），热管理是提高其效率的关键。通过优化散热设计，降低储能系统的温度，提高其能量转换效率。

（二）柔性用电系统的稳定性

柔性用电系统的稳定性是指系统在受到外部扰动或内部故障时，能够保持或迅速恢复到正常工作状态的能力。稳定性是柔性用电系统设计和运行的基本要求之一，对于保障电力系统的安全、可靠运行具有重要意义。影响柔性用电系统稳定性的关键因素包括电力电子装置的控制策略、分布式能源的波动性、电网的结构和参数等。

1. 电力电子装置的控制策略

电力电子装置的控制策略对柔性用电系统的稳定性具有重要影响。为了提高系统的稳定性，可以采取以下措施：

（1）快速响应控制：设计快速响应的控制策略，使电力电子装置能够在短时间内对电网的扰动或故障做出反应，保持系统的稳定。

（2）鲁棒控制：采用鲁棒控制算法，提高系统对外部扰动和内部故障的抵抗能力，增强系统的稳定性。

（3）分散式控制：将控制策略分散到各个电力电子装置上，通过局部控制实现全局稳定。这种控制方式可以提高系统的灵活性和鲁棒性。

2. 分布式能源的波动性

分布式能源（如太阳能、风能等）的出力具有波动性，这种波动性会对柔性用电系统的稳定性产生影响。为了降低分布式能源波动性对系统稳定性的影响，可以采取以下措施：

（1）储能系统的应用：通过储能系统的充放电调节，平抑分布式能源出力的波动性，提高系统的稳定性。

（2）虚拟同步机技术：将分布式能源与虚拟同步机技术相结合，使分布式能源在电网中表现出类似同步发电机的特性，提高系统的稳定性。

(3)智能调度：根据电网的需求和分布式能源的出力情况，智能调度分布式能源的运行，减少其波动性对系统稳定性的影响。

3. 电网的结构和参数

电网的结构和参数对柔性用电系统的稳定性具有重要影响。为了提高系统的稳定性，可以采取以下措施：

(1)优化电网结构：通过合理的电网规划和设计，优化电网的结构和参数，提高系统的稳定性和可靠性。

(2)增强电网韧性：通过增加电网的冗余度、分散式电源的配置等措施，增强电网的韧性，使其能够在遭受外部扰动或内部故障时迅速恢复到正常工作状态。

(3)实时监测和预警：通过实时监测电网的运行状态，及时发现潜在的不稳定因素，并采取相应的预警和应对措施，保障系统的稳定运行。

（三）柔性用电系统的效率与稳定性优化策略

为了进一步提高柔性用电系统的效率和稳定性，可以采取以下优化策略：

1. 综合优化

将效率与稳定性优化相结合，通过综合优化算法，寻求全局最优解。这种优化策略可以同时考虑系统的效率和稳定性，实现两个方面的协同提升。

2. 模块化设计

采用模块化设计思想，将柔性用电系统划分为多个独立的功能模块。每个模块可以独立进行优化设计，并通过标准化的接口与其他模块进行连接和协同工作。这种设计方式可以提高系统的可维护性和可扩展性。

3. 标准化与规范化

制定柔性用电系统的标准化和规范化要求，包括电力电子装置的性能指标、智能控制算法的设计规范、分布式能源和储能系统的接入标准等。通过标准化和规范化，可以确保柔性用电系统的质量和性能，提高其效率和稳定性。

4.持续改进

柔性用电系统是一个不断发展的领域，随着技术的不断进步和应用的不断拓展，其效率和稳定性也将不断提升。因此，需要持续关注柔性用电系统的最新研究进展和技术动态，不断改进和优化系统的设计和运行策略。

四、柔性用电系统与用户行为的互动

柔性用电系统，作为智能电网的重要组成部分，正逐步改变着传统电力系统的运行模式和用户的用电习惯。通过集成先进的电力电子技术、智能控制算法和大数据分析能力，柔性用电系统能够实现电能的灵活调节、高效分配与利用，进而与用户行为产生深度互动，促进电力系统的绿色、智能和可持续发展。

（一）用户行为对柔性用电系统的影响

用户行为是影响柔性用电系统运行效果的关键因素之一。用户的用电习惯、需求偏好、响应能力等都会直接影响到柔性用电系统的调度策略、能源分配和整体效率。

1.用电习惯与需求模式

用户的用电习惯，如用电高峰时段、用电设备的使用频率和时长等，直接决定了电力系统的负荷曲线。在柔性用电系统中，通过智能电表和大数据分析工具，可以实时监测和分析用户的用电行为，为系统提供精确的负荷预测数据。这些数据对于制定合理的调度策略、优化能源分配、减少电网峰谷差具有重要意义。

同时，用户的需求模式也影响着柔性用电系统的能源供应结构。例如，随着电动汽车的普及，用户对充电服务的需求日益增长，柔性用电系统需要整合分布式能源、储能系统和电网资源，以满足用户在不同时间段的充电需求，同时保持电网的稳定运行。

2.用户响应能力

用户的响应能力是指用户对电力系统调度指令的响应速度和准确度。在柔性用电系统中，用户可以通过智能家居系统、智能电表等设备接收到电力系统的调度信息，并根据这些信息调整自己的用电行为。例如，在电力供应紧张或电价较高的时段，用户可以选择减少非必要用电设备的使用，或者将部分用电需求转移到电价较低的时段。

用户的响应能力对于柔性用电系统的运行效果至关重要。如果用户能够积极响应电力系统的调度指令，那么系统就可以更有效地平衡供需关系，减少电网的峰谷差，提高整体能效。反之，如果用户响应迟缓或不愿意改变用电行为，那么柔性用电系统的调度效果将大打折扣。

3. 用户反馈与参与

用户反馈是柔性用电系统持续改进和优化的重要依据。通过收集用户对系统性能、服务质量、电价政策等方面的反馈意见，系统可以及时发现并解决问题，提升用户体验。同时，用户的参与也是推动柔性用电系统发展的重要力量。例如，用户可以通过参与需求响应计划、分布式能源发电等方式，为系统提供更多的能源选择和调度灵活性。

（二）柔性用电系统对用户行为的引导与激励

柔性用电系统不仅受到用户行为的影响，同时也通过一系列机制引导用户改变用电习惯，实现更加绿色、智能的用电方式。

电价政策是柔性用电系统引导用户行为的重要手段。通过实施分时电价、实时电价等动态电价政策，系统可以激励用户在电价较低的时段增加用电，而在电价较高的时段减少用电。这种电价政策不仅有助于平衡电网的供需关系，还可以降低用户的用电成本。需求响应计划是柔性用电系统引导用户行为的另一种有效方式。通过提前发布电力需求信息，系统可以邀请用户参与需求响应计划，即在特定时段内调整用电行为以响应电力系统的需求。参与需求响应计划的用户可以获得一定的经济奖励或优惠电价，从而激发其参与积极性。

柔性用电系统通过提供智能化服务与支持，帮助用户更好地管理用电行为。例如，智能家居系统可以根据用户的用电习惯和偏好，自动调整家电设备的运行模式和用电时间；智能电表可以实时监测用户的用电情况，并提供节能建议和优化方案。这些智能化服务不仅提高了用户的用电便利性，还有助于培养用户的节能意识。教育与宣传是提升用户节能意识和参与度的重要途径。柔性用电系统可以通过举办节能宣传活动、开展节能知识讲座等方式，向用户普及节能知识，提高其节能意识。同时，系统还可以利用社交媒体、手机APP等渠道，向用户推送节能信息和用电建议，引导用户形成绿色、智能的用电习惯。

（三）互动过程中的挑战与对策

在柔性用电系统与用户行为的互动过程中，也面临着一些挑战，如用户参与度不高、信息沟通不畅、技术实现难度等。针对这些挑战，需要采取相应的对策加以解决。

为了提高用户参与度，柔性用电系统需要设计更具吸引力的激励机制。例如，可以增加经济奖励的额度或种类，提供个性化的节能方案和服务，以及开展有趣的节能挑战活动等。同时，系统还需要加强用户教育和宣传，提高用户对节能和智能用电的认识和兴趣。信息沟通是柔性用电系统与用户互动的基础。为了确保信息的准确传递和接收，系统需要建立高效的信息沟通机制。例如，可以利用智能电表、手机APP等设备实现实时信息交互；建立用户社群和论坛，方便用户之间的交流和分享；定期发布系统运行状态和节能成果等。

柔性用电系统的技术实现难度主要体现在电力电子装置、智能控制算法和大数据分析等方面。为了克服这些技术难题，系统需要加强技术研发和创新。例如，可以引入先进的电力电子技术提高电能转换效率；利用人工智能和机器学习算法优化调度策略；采用大数据和云计算技术提升数据处理和分析能力。在柔性用电系统与用户互动的过程中，用户的隐私和安全是至关重要的。系统需要采取严格的数据保护措施，确保用户信息的安全性和隐私性。例如，可以加密存储和传输用户数据；建立访问控制机制限制对数据的访问权限；定期对系统进行安全审计和漏洞扫描等。

第五节 光储直柔系统的整体设计与优化

一、光储直柔系统整体架构与组件集成

光储直柔系统是一种集光伏发电、储能、直流配电和柔性用能四项技术于一体的综合能源系统。该系统通过高效利用太阳能资源，结合储能技术和智能控制技术，实现建筑用电的自给自足和高效利用。光储直柔系统不仅提高了能源利用效率，降低了对传统电网的依赖，还增强了电力系统的稳定性和可靠性。

（一）光储直柔系统整体架构

光储直柔系统的整体架构主要包括光伏发电系统、储能系统、直流配电系统和柔性用能系统四个部分。这四个部分通过智能控制系统进行协调和优化，形成一个高效、稳定的综合能源系统。

1. 光伏发电系统

光伏发电系统是光储直柔系统的核心组件之一。该系统通过安装在建筑表面的太阳能电池板，将太阳能转化为直流电。随着光伏组件技术的不断进步，太阳能电池的转换效率不断提高，成本逐渐降低，使得光伏发电系统成为可再生能源利用的主要方式之一。

在光储直柔系统中，光伏发电系统通常与直流配电系统直接相连，避免了传统光伏发电系统中所需的直流到交流的转换过程，从而减少了能量损失，提高了能源利用效率。

2. 储能系统

储能系统是光储直柔系统的另一个重要组成部分。该系统通过储能电池等储能设备，将光伏发电系统产生的多余电能储存起来，以备不时之需。储能系统不仅可以平衡光伏发电系统的输出波动，还可以在电网故障或停电时提供紧急电源，保障重要负荷的持续运行。

在光储直柔系统中，储能系统通常采用电化学储能方式，如锂离子电池、铅酸电池等。这些储能设备具有响应速度快、效率高、安装维护要求低等优点，能够满足光储直柔系统对储能性能的要求。

3. 直流配电系统

直流配电系统是光储直柔系统的重要组成部分，负责将光伏发电系统和储能系统产生的直流电进行分配和传输。相比传统的交流配电系统，直流配电系统具有形式简单、易于控制、传输效率高等优点。在光储直柔系统中，直流配电系统通过直流母线将光伏发电系统和储能系统连接在一起，形成一个高效、稳定的直流微网。

4. 柔性用能系统

柔性用能系统是光储直柔系统的智能控制部分，通过智能控制算法和大数据分析技术，实现建筑用电的灵活调节和高效利用。该系统可以根据建筑内部的能源需求和电网状况，自动调节用电设备的运行模式和功率输出，实现能源的高效利用。

在光储直柔系统中，柔性用能系统通常与直流配电系统紧密集成，通过智能电表、智能家居设备等终端设备，实时监测和分析用户的用电行为，为系统提供精确的负荷预测数据和优化调度策略。

（二）光储直柔系统关键组件集成

光储直柔系统的关键组件集成是实现系统高效运行和稳定输出的关键。

光伏发电组件集成主要包括太阳能电池板的选择和安装。在光储直柔系统中，太阳能电池板的选择应根据当地的气候条件、光照强度、安装角度等因素进行综合考虑。同时，太阳能电池板的安装应确保良好的通风和散热条件，避免过热影响发电效率。储能组件集成主要包括储能电池的选择和集成。在光储直柔系统中，储能电池的选择应根据系统的储能需求、电池性能、成本等因素进行综合考虑。同时，储能电池的集成应确保电池组的均衡充放电和温度控制，以延长电池的使用寿命和提高系统的整体性能。

直流配电组件集成主要包括直流母线、直流断路器、直流接触器等设备的选择和配置。在光储直柔系统中，直流配电系统的设计应确保直流电的可靠传输和分配，同时满足系统的安全性和可靠性要求。柔性用能组件集成主要包括智能电表、智能家居设备、智能控制系统等设备的选择和集成。在光储直柔系统中，柔性用能系统的集成应确保系统能够实时监测和分析用户的用电行为，提供精确的负荷预测数据和优化调度策略。同时，系统还应支持远程控制和自动化调节功能，实现建筑用电的灵活调节和高效利用。

（三）光储直柔系统优势

光储直柔系统相比传统的电力系统具有许多优势，这些优势主要体现在以下几个方面。

光储直柔系统通过光伏发电系统直接将太阳能转化为直流电，避免了传统光伏发电系统中所需的直流到交流的转换过程，从而减少了能量损失，提高了能源利用效率。同时，系统通过储能系统和柔性用能系统的协调和优化，实现了建筑用电的自给自足和高效利用。光储直柔系统通过光伏发电系统和储能系统的有机结合，实现了建筑用电的自给自足，降低了对传统电网的依赖。这不仅可以减少电网的输电损失和配电压力，还可以提高电力系统的稳定性和可靠性。

光储直柔系统通过智能控制算法和大数据分析技术，实现建筑用电的灵活调节和高效利用。在系统运行过程中，系统可以根据建筑内部的能源需求和电网状况，自动调节用电设备的运行模式和功率输出，从而增强电力系统的稳定性和可靠性。光储直柔系统通过光伏发电系统、储能系统、直流配电系统和柔性用能系统的有机集成和协调优化，实现了能源的高效利用。系统不仅可以满足建筑内部的用电需求，还可以将多余的电能回馈给电网，实现能源的共享和优化配置。光储直柔系统以太阳能为主要能源来源，是一种清洁、可再生的能源。相比传统的火力发电方式，光储直柔系统不会产生二氧化碳等温室气体排放，有助于减少碳足迹，保护地球环境。同时，系统的推广应用还可以促进可再生能源产业的发展和就业机会的增加，为可持续发展做出贡献。

二、光储直柔系统能量管理与优化策略

光储直柔系统作为一种集光伏发电、储能、直流配电和柔性用能于一体的综合能源系统,其能量管理与优化策略对于提高系统的整体性能、降低运营成本、实现能源的高效利用具有重要意义。

(一)光储直柔系统能量管理架构

光储直柔系统的能量管理架构是系统高效运行的基础。一般来说,该架构可以分为三个层次:能量管理层、运行控制层和就地控制层。

能量管理层是光储直柔系统的核心,负责监控系统的实时运行数据,进行分布式发电预测、负荷预测、电能质量分析、电能统计分析、无功优化等高级应用功能。通过实时运行数据,结合分布式发电预测、负荷预测等应用分析结果,能量管理层制定多约束条件下的系统优化调度与能量管理策略,并将策略下发给运行控制层执行。

运行控制层接收能量管理层的控制策略,负责光储直柔系统的具体运行控制任务。它包括常规运行控制、联络线功率控制、并离网切换、分布式发电单元监控等功能。运行控制层采用工业嵌入式控制器,如装有 TwinCAT 3 自动化软件的 CX5120 嵌入式控制器,具备强大的处理能力和实时性,确保系统的高效运行。

就地控制层由光储直柔系统各关键设备自身的控制器组成,包括分布式发电控制单元(如光伏控制器)、储能变流模块、智能开关、负荷控制器等。这些控制器执行运行控制层的控制指令,完成相关操作,实现系统的运行控制功能。

(二)光储直柔系统能量优化策略

光储直柔系统的能量优化策略旨在提高系统的能源利用效率,降低运营成本,实现系统的经济最优运行。

削峰填谷策略是光储直柔系统常用的优化策略之一。它利用储能设备在

电价较低时存储电能，在电价较高时释放电能，有效降低用电成本。同时，通过削峰填谷，还可以降低电网的负荷峰值，提高电网的稳定性和可靠性。柔性扩容策略允许光储直柔系统在短期用电功率大于变压器容量时，通过储能设备快速放电，满足负载用能要求。这种策略提高了系统的灵活性和可靠性，确保在特殊情况下系统的稳定运行。

有序充电策略针对电动汽车等充电设备，通过错峰充电时间，减少电网的负荷峰值，提高电网的稳定性和可靠性。同时，有序充电策略还可以降低充电设备的电费支出，实现经济和环保的双重效益。能量调度策略是光储直柔系统的核心优化策略之一。它根据实时运行数据、分布式发电预测、负荷预测等应用分析结果，制定多约束条件下的系统优化调度策略。能量调度策略旨在实现能源的高效利用，降低运营成本，提高系统的整体性能。

（三）光储直柔系统能量管理与优化关键技术

光储直柔系统能量管理与优化策略的实现离不开关键技术的支持。

分布式发电预测技术通过对历史发电数据、气象数据等进行分析，预测未来一段时间内光伏发电系统的发电功率。这种技术为能量管理层提供了重要的决策依据，有助于制定更加精确的能量调度策略。负荷预测技术通过对历史负荷数据、时间序列数据等进行分析，预测未来一段时间内系统的负荷需求。负荷预测技术为能量管理层提供了重要的决策依据，有助于制定更加精确的能量调度策略，降低运营成本。

智能控制技术通过先进的控制算法和大数据分析技术，实现光储直柔系统的智能控制。智能控制技术可以实时监测和分析系统的运行状态，自动调节用电设备的运行模式和功率输出，实现能源的高效利用。储能管理技术是光储直柔系统能量管理与优化的关键。它涉及储能设备的充放电控制、状态监测、寿命管理等方面。通过储能管理技术，可以实现储能设备的优化调度和高效利用，降低运营成本，提高系统的整体性能。

（四）光储直柔系统能量管理与优化策略的实际应用

光储直柔系统能量管理与优化策略在实际应用中取得了显著的效果。

在居民小区中，光储直柔系统可以为住户提供清洁、安全的电力供应，同时降低电费支出。通过削峰填谷策略、有序充电策略等优化策略，居民小区的光储直柔系统实现了能源的高效利用，降低了运营成本。商业建筑通常具有较大的用电需求。光储直柔系统通过削峰填谷策略、柔性扩容策略等优化策略，为商业建筑提供了稳定、可靠的电力保障，同时降低了运营成本。此外，光储直柔系统还可以根据商业建筑的用电特点，制定个性化的能量调度策略，实现能源的高效利用。

工业园区内企业众多，用电需求量大且多样化。光储直柔系统通过削峰填谷策略、有序充电策略、能量调度策略等优化策略，满足了工业园区的多样化用电需求，降低了运营成本。同时，光储直柔系统还可以根据工业园区的用电特点，制定个性化的能量调度策略，提高能源利用效率。

三、光储直柔系统经济性与环境效益评估

随着全球对可再生能源的日益重视和"双碳"目标的不断推进，光储直柔系统作为一种集光伏发电、储能、直流配电和柔性用能于一体的综合能源系统，正逐渐成为实现能源转型、促进绿色低碳发展的重要手段。光储直柔系统不仅具有显著的环境效益，而且在经济性方面也展现出独特的优势。

（一）光储直柔系统概述

光储直柔系统是一种创新的能源管理方式，它结合了分布式光伏发电、储能技术、直流配电系统和柔性用能技术。该系统通过直接利用太阳能转化为直流电，并在需要时进行存储和分配，最大程度地减少能量损失，提高能源利用效率。光储直柔系统不仅能够实现自我供电，降低对传统电网的依赖，还能在电网故障时提供紧急电源，保障重要负荷的持续运行。

（二）光储直柔系统的经济性评估

光储直柔系统在经济性方面的表现主要体现在降低电费支出、提高能源利用效率、增加投资收益等方面。

光储直柔系统通过自发自用、余电上网的方式，可以大幅降低电费支出。用户可以根据自身用电需求，合理调节光伏发电和储能系统的输出，优先使用自产电力，减少从电网购电的需求。特别是在电价较高的时段，通过储能系统的放电，可以显著降低电费支出。此外，光储直柔系统还可以参与电力需求侧响应，通过调节用电负荷，获得额外的经济补偿。光储直柔系统通过直流配电和柔性用能技术，提高了能源利用效率。传统的交流配电系统在电能转换和传输过程中存在一定的能量损失，而直流配电系统则可以减少这种损失。同时，柔性用能技术可以根据电力系统的供需关系，实时调整用电功率，实现能源的高效利用。这些措施共同作用下，光储直柔系统可以显著提高能源利用效率，降低能源浪费。

光储直柔系统的投资回报率较高，在5—10年内即可收回成本。随着技术的不断进步和成本的持续降低，光储直柔系统的投资回报率有望进一步提高。此外，政府对可再生能源的补贴政策也为光储直柔系统的发展提供了有力支持，降低了初期投资门槛，使得更多用户能够享受到光储直柔系统带来的经济效益。

（三）光储直柔系统的环境效益评估

光储直柔系统在环境效益方面的表现主要体现在减少碳排放、促进绿色低碳发展等方面。

光储直柔系统以太阳能为主要能源来源，是一种清洁、可再生的能源。相比传统的火力发电，太阳能发电不会产生二氧化碳等温室气体，有助于减少碳足迹，保护地球环境。根据国际可再生能源署的数据，太阳能发电每度电可减少约 1 kg 的二氧化碳排放量。一座装机容量为 1 兆瓦的光伏电站每年可减少约 1000 t 的碳排放。光储直柔系统通过大规模应用太阳能发电，可以显著降低碳排放量，为应对全球气候变化做出贡献。

光储直柔系统的广泛应用将推动能源结构的优化和转型升级，促进绿色低碳发展。通过光储直柔系统，可以实现能源的高效利用和清洁替代，减少对传统化石能源的依赖。这不仅有助于降低能源生产和消费过程中的环境污染和生态破坏，还有助于提高能源系统的安全性和可靠性。同时，光储直柔系统还可以与智能电网、电动汽车等新型能源系统相结合，形成更加高效、智能、绿色的能源生态体系。

第六章 光储直柔技术的安全性与可靠性

第一节 安全性与可靠性分析

一、光储直柔在建筑电气节能中的系统安全性风险评估

光储直柔系统作为新型建筑供配电系统，通过集成光伏发电、储能系统、直流配电和柔性用电技术，实现了建筑用电负荷的灵活调节和能源的高效利用。然而，在实际应用中，光储直柔系统的安全性风险评估显得尤为重要，这关系到建筑电力系统的稳定运行和人员的生命财产安全。

（一）系统结构安全风险评估

光储直柔系统的结构复杂，涉及光伏发电、储能、直流配电和柔性用电等多个环节。在系统结构设计阶段，必须充分考虑各环节的协调性和可靠性，以确保整个系统的安全运行。

光伏发电系统作为光储直柔系统的能源输入端，其安全性直接影响到整个系统的稳定运行。光伏发电系统的主要安全风险包括光伏组件的破损、老化，逆变器的故障以及线缆连接问题等。在风险评估中，需要重点考虑光伏组件的耐候性、逆变器的冗余设计和线缆的防火性能。此外，还应定期进行光伏组件的清洗和维护，避免灰尘和污垢对发电效率的影响。

储能系统作为光储直柔系统的能源储存环节，其安全性同样至关重要。储能系统的安全风险主要包括电池组的热失控、短路和电解液泄漏等。在风险评估中，需要重点考虑电池组的热管理、短路保护以及电解液的密封性能。

此外，还应定期对储能系统进行充放电测试和维护，确保电池组的性能和安全性。

直流配电系统作为光储直柔系统的能源传输环节，其安全性直接关系到用电设备的正常运行。直流配电系统的主要安全风险包括直流电弧故障、过流保护和接地故障等。在风险评估中，需要重点考虑直流电弧检测与保护技术、过流保护装置的可靠性和接地系统的完整性。此外，还应加强直流配电系统的监测和诊断能力，及时发现并处理潜在的安全隐患。

柔性用电系统作为光储直柔系统的能源输出端，其安全性关系到建筑用电负荷的灵活调节和能源的高效利用。柔性用电系统的主要安全风险包括负荷控制算法的稳定性、通信系统的可靠性和电气设备的绝缘性能等。在风险评估中，需要重点考虑负荷控制算法的鲁棒性、通信系统的冗余设计和电气设备的绝缘电阻测试。此外，还应加强柔性用电系统的监控和调度能力，确保用电负荷的灵活调节和能源的高效利用。

（二）设备性能安全风险评估

光储直柔系统的设备性能直接影响到系统的安全性和可靠性。在设备选型和使用过程中，必须充分考虑设备的性能参数、可靠性和维护成本等因素。

光伏组件作为光伏发电系统的核心部件，其性能直接影响到发电效率和安全性。在风险评估中，需要重点考虑光伏组件的转换效率、温度系数和功率衰减等性能参数。此外，还应考虑光伏组件的耐候性、抗风压能力和抗雪压能力等安全性能。在选择光伏组件时，应优先选择转换效率高、温度系数低、功率衰减小的优质产品，并加强光伏组件的清洗和维护工作。

储能设备作为光储直柔系统的能源储存环节，其性能直接影响到系统的稳定性和安全性。在风险评估中，需要重点考虑储能设备的能量密度、循环寿命和安全性能等。此外，还应考虑储能设备的热管理、短路保护和过充过放保护等安全功能。在选择储能设备时，应优先选择能量密度高、循环寿命长、安全性能好的优质产品，并加强储能设备的充放电测试和维护工作。

直流配电设备作为光储直柔系统的能源传输环节，其性能直接影响到用电设备的正常运行和安全性。在风险评估中,需要重点考虑直流配电设备的电压等级、电流容量和短路承受能力等性能参数。此外,还应考虑直流配电设备的过载保护、短路保护和接地保护等安全功能。在选择直流配电设备时,应优先选择电压等级匹配、电流容量充足、安全功能完善的优质产品,并加强直流配电设备的监测和诊断能力。

柔性用电设备作为光储直柔系统的能源输出端,其性能直接影响到建筑用电负荷的灵活调节和能源的高效利用。在风险评估中,需要重点考虑柔性用电设备的控制精度、响应速度和通信性能等性能参数。此外,还应考虑柔性用电设备的可靠性和维护成本等因素。在选择柔性用电设备时,应优先选择控制精度高、响应速度快、通信性能好的优质产品,并加强柔性用电设备的监控和调度能力。

(三)运行环境安全风险评估

光储直柔系统的运行环境对其安全性和可靠性具有重要影响。在运行环境安全风险评估中,需要重点考虑温度、湿度、尘埃、振动和电磁干扰等因素。

温度是影响光储直柔系统安全性和可靠性的重要因素之一。过高的温度会导致光伏组件的功率衰减、储能设备的热失控以及直流配电设备和柔性用电设备的过热故障等。在风险评估中,需要重点考虑系统的散热设计和温度监测能力。此外,还应加强系统的通风和散热措施,确保系统在正常温度范围内运行。湿度是影响光储直柔系统安全性和可靠性的另一个重要因素。过高的湿度会导致光伏组件的腐蚀、储能设备的电解液泄漏以及直流配电设备和柔性用电设备的绝缘性能下降等。在风险评估中,需要重点考虑系统的防潮设计和湿度监测能力。此外,还应加强系统的防水和防潮措施,确保系统在正常湿度范围内运行。

尘埃是影响光储直柔系统发电效率和安全性的重要因素之一。尘埃会覆盖在光伏组件表面,降低其透光率和发电效率;同时,尘埃还会进入直流配电设备和柔性用电设备内部,影响其正常运行和安全性。在风险评估中,需要重点考虑系统的防尘设计和清洁维护能力。此外,还应加强系统的清洁和维护工作，确保光伏组件和设备的清洁度符合要求。振动是影响光储直柔系统安全性和可靠性的另一个重要因素。振动会导致光伏组件的松动和破损、储能设备的机械故障以及直流配电设备和柔性用电设备的连接松动等。在风险评估中，需要重点考虑系统的抗震设计和振动监测能力。此外，还应加强系统的抗震和减振措施，确保系统在正常振动范围内运行。电磁干扰是影响光储直柔系统通信性能和稳定性的重要因素之一。电磁干扰会导致柔性用电设备的通信故障和数据传输错误等。在风险评估中，需要重点考虑系统的电磁屏蔽设计和抗干扰能力。此外，还应加强系统的电磁屏蔽和抗干扰措施，确保系统在正常电磁环境下运行。

二、光储直柔在建筑电气节能中的系统可靠性指标与评价方法

（一）系统可靠性指标

光储直柔系统的可靠性指标主要包括光伏发电系统的可靠性、储能系统的可靠性、直流配电系统的可靠性和柔性用电系统的可靠性。这些指标共同构成了系统整体可靠性的评估体系。

1.光伏发电系统的可靠性指标

光伏发电系统的可靠性主要受到光伏组件的转换效率、耐候性、故障率以及逆变器的性能等因素的影响。具体指标包括：

光伏组件转换效率：衡量光伏组件将太阳能转化为电能的效率，直接影响系统的发电量和可靠性。

光伏组件耐候性：评估光伏组件在各种环境条件下的耐久性和可靠性，包括抗风压、抗雪压、抗腐蚀等能力。

逆变器故障率：反映逆变器在运行过程中的故障概率，直接影响系统的稳定性和可靠性。

光伏发电系统可用率：表示光伏发电系统在一段时间内能够正常发电的时间比例，是评估系统可靠性的重要指标。

2. 储能系统的可靠性指标

储能系统的可靠性主要受到储能设备的容量、充放电效率、循环寿命以及安全性能等因素的影响。具体指标包括：

（1）储能设备容量：衡量储能设备能够存储的电能大小，直接影响系统的储能能力和可靠性。

（2）储能设备充放电效率：反映储能设备在充电和放电过程中的能量转换效率，影响系统的能量利用率和可靠性。

（3）储能设备循环寿命：表示储能设备在充放电循环次数后的性能衰减程度，是评估系统长期可靠性的重要指标。

（4）储能系统安全性：评估储能系统在运行过程中的安全性能，包括过充保护、过放保护、短路保护等。

3. 直流配电系统的可靠性指标

直流配电系统的可靠性主要受到直流电源转换效率、输出电压稳定性、过载能力以及噪声水平等因素的影响。具体指标包括：

（1）直流电源转换效率：衡量直流电源将交流电转换为直流电的效率，影响系统的能量利用率和可靠性。

（2）直流电源输出电压稳定性：评估直流电源输出电压的波动情况，直接影响用电设备的正常运行和可靠性。

（3）直流电源过载能力：表示直流电源在过载情况下的运行性能，是评估系统应对突发情况能力的重要指标。

（4）直流电源噪声水平：反映直流电源运行过程中的噪声大小，影响周围环境的舒适度和系统的可靠性。

4. 柔性用电系统的可靠性指标

柔性用电系统的可靠性主要受到柔性负荷控制能力、响应速度、调度性能以及自适应性等因素的影响。具体指标包括：

（1）柔性负荷控制能力：评估柔性用电系统对负荷的调节能力，影响系统的灵活性和可靠性。

（2）柔性负荷响应速度：表示柔性用电系统对负荷变化的响应速度，是评估系统快速调节能力的重要指标。

（3）柔性负荷调度性能：反映柔性用电系统在多级调度中的性能表现，影响系统的协调性和可靠性。

（4）柔性负荷自适应性：评估柔性用电系统适应不同运行条件的能力，如不同季节、不同时间段等，影响系统的长期可靠性。

（二）系统可靠性评价方法

光储直柔系统的可靠性评价方法主要包括故障模式与影响分析、可靠性框图分析、蒙特卡洛模拟以及实际运行数据统计分析等。

故障模式与影响分析是一种系统化的可靠性评价方法，通过对系统各组成部分的故障模式进行识别和分析，评估其对系统整体可靠性的影响程度。在光储直柔系统中，可以针对光伏组件、逆变器、储能设备、直流配电设备和柔性用电设备等关键部件进行故障模式与影响分析，识别潜在的故障模式和影响，并采取相应的预防措施来提高系统的可靠性。

可靠性框图分析是一种基于系统结构图的可靠性评价方法，通过构建系统的可靠性框图，分析各部件之间的逻辑关系，评估系统整体的可靠性。在光储直柔系统中，可以构建包含光伏发电系统、储能系统、直流配电系统和柔性用电系统的可靠性框图，分析各部件的故障概率和冗余设计对系统整体可靠性的影响。

蒙特卡洛模拟是一种基于概率统计的可靠性评价方法，通过模拟系统各部件的故障概率和运行状态，评估系统整体的可靠性。在光储直柔系统中，可以利用蒙特卡洛模拟方法，对系统的发电能力、储能能力、直流配电能力和柔性用电能力进行模拟分析，评估系统在不同运行条件下的可靠性和稳定性。实际运行数据统计分析是一种基于系统实际运行数据的可靠性评价方法，通过对系统运行过程中的数据进行收集和分析，评估系统整体的可靠性。在光储直柔系统中，可以收集光伏发电量、储能设备充放电次数、直流配电系统电压稳定性以及柔性用电系统负荷调节能力等数据，进行统计分析，评估系统的可靠性和性能表现。

三、光储直柔在建筑电气节能中的故障模式与影响分析

"光储直柔"技术是在建筑领域应用光伏发电、储能系统、直流配电和柔性用电四项技术的简称。随着双碳战略及光伏、储能、新能源汽车的不断发展,"光储直柔"技术逐渐成为建筑电气节能的重要手段。然而,在实际应用过程中,该技术也面临着各种故障模式,这些故障模式对建筑电气的节能效果和运行稳定性产生了显著影响。

(一)"光储直柔"技术概述

"光储直柔"技术通过光伏发电、储能系统、直流配电和柔性用电四项技术的有机结合,实现了对能源的高效利用、灵活调度及优化管理。

通过光伏发电和储能系统的结合,建筑能够更高效地利用可再生能源,减少对传统能源的依赖。通过直流配电和柔性用电技术,建筑内部的电能质量得到提升,同时减少了不必要的电能损耗。通过柔性用电技术,建筑用电需求从刚性转变为柔性,有助于电网的稳定运行。

(二)"光储直柔"在建筑电气节能中的故障模式

光伏发电系统作为"光储直柔"技术的重要组成部分,其故障模式主要包括光伏组件损坏、逆变器故障、电缆线路故障等。光伏组件损坏可能由于环境因素(如风沙、雨雪等)或人为因素(如施工不当)导致,逆变器故障则可能由于过载、过热、电路短路等原因引起。电缆线路故障则可能由于老化、破损、接触不良等原因引起。

储能系统作为"光储直柔"技术中的关键环节,其故障模式主要包括电池损坏、电池管理系统故障、充放电控制故障等。电池损坏可能由于过充、过放、温度过高等原因导致,电池管理系统故障则可能由于软件错误、硬件故障等原因引起。充放电控制故障则可能由于控制算法不当、传感器故障等原因引起。

直流配电系统作为"光储直柔"技术中的核心部分,其故障模式主要包

括直流断路器故障、直流母线故障、直流变压器故障等。直流断路器故障可能由于机械故障、电气故障等原因引起,直流母线故障则可能由于过载、短路等原因引起。直流变压器故障则可能由于过载、过热、绝缘损坏等原因引起。

柔性用电系统作为"光储直柔"技术中的创新环节,其故障模式主要包括负荷控制故障、需求响应故障、智能控制策略故障等。负荷控制故障可能由于控制算法不当、传感器故障等原因引起,需求响应故障则可能由于通信故障、数据错误等原因引起。智能控制策略故障则可能由于算法缺陷、系统参数设置不当等原因引起。

(三)"光储直柔"故障模式对建筑电气节能的影响

"光储直柔"技术中的故障模式对建筑电气的节能效果和运行稳定性产生了显著影响。具体而言,这些影响主要包括以下几个方面:

光伏发电系统、储能系统等环节的故障可能导致能源利用效率降低。例如,光伏组件损坏或逆变器故障可能导致光伏发电量减少,储能系统电池损坏或管理系统故障可能导致储能容量下降,从而影响建筑的能源自给自足能力。

直流配电系统、柔性用电系统等环节的故障可能导致能源消耗增加。例如,直流母线故障或直流变压器故障可能导致电能质量下降,增加不必要的电能损耗;负荷控制故障或需求响应故障可能导致建筑用电需求无法得到有效调节,从而增加对传统电网的依赖。

柔性用电系统环节的故障可能影响电网的稳定性。例如,智能控制策略故障可能导致建筑用电需求与电网供电能力不匹配,从而引发电网波动或停电等事故。此外,储能系统的故障也可能导致电网在紧急情况下的供电能力不足。

"光储直柔"技术中的故障模式还可能导致运维成本增加。例如,光伏发电系统、储能系统等设备的维修和更换费用可能较高;直流配电系统、柔性用电系统等环节的故障排查和修复也可能需要投入大量的人力和物力。

第二节　安全防护措施与策略

一、光储直柔在建筑电气节能中的物理安全防护措施

随着全球对能源效率和环境保护的关注不断增加，建筑电气节能成了一个重要的议题。光储直柔技术，作为一种集成了太阳能光伏、储能、直流配电和柔性交互的新型建筑能源系统，为建筑电气节能提供了有效的解决方案。然而，为了确保该技术的安全、稳定运行，必须采取一系列物理安全防护措施。

（一）光储直柔技术概述

光储直柔技术是在建筑领域应用太阳能光伏、储能、直流配电和柔性交互四项技术的简称。这种新型建筑能源系统通过利用太阳能转化为电能，并通过储能系统储存电能，以应对太阳能发电的不稳定性问题。在光储直柔系统中，光伏发电系统通过光伏电池板将太阳能转化为直流电，然后通过逆变器将直流电转化为交流电，供电给家庭或工业用电设备。同时，直柔技术采用柔性材料制造的柔性直流电缆，可以在各种复杂环境中使用，提高了电力传输效率和安全性。

（二）光储直柔在建筑电气节能中的作用

光储直柔技术在建筑电气节能中发挥着重要作用。首先，它能够有效解决电力系统零碳化转型的两个关键问题，即增加分布式可再生能源发电的装机容量和有效消纳波动的可再生能源发电量。其次，光储直柔系统通过其连接的蓄能装置和可调节用电设备，实现柔性用电，平衡源与荷之间的矛盾，提高终端用电的可靠性和安全性。此外，光储直柔技术还能够促进电网从"源随荷动"向"源荷互动"转变，提高电力系统运行效率以及电网的安全稳定水平。

(三)物理安全防护措施

为了确保光储直柔系统的安全、稳定运行,必须采取一系列物理安全防护措施。这些措施主要包括过电压保护、过电流保护、短路保护、过载保护和温度保护等。

过电压是指电压超过设备额定电压的情况。在光储直柔系统中,应设置过电压保护装置,以防止电压过高而损坏设备。过电压保护装置可以通过监测电压波动并及时切断电路来保护设备。常见的过电压保护装置包括浪涌保护器、电压限制器等。

过电流是指电流超过设备额定电流的情况。在光储直柔系统中,应设置过电流保护装置,以防止电流过大而损坏设备。过电流保护装置可以通过监测电流大小并及时切断电路来保护设备。常见的过电流保护装置包括熔断器、断路器、热继电器等。

短路是指电路中的两个导体直接接触而导致电流过大的情况。在光储直柔系统中,应设置短路保护装置,以防止短路而损坏设备。短路保护装置可以通过监测电流流向并及时切断电路来保护设备。常见的短路保护装置包括熔断器、断路器、快速开关等。

过载是指电路中负载超出额定负载能力的情况。在光储直柔系统中,应设置过载保护装置,以防止过载而损坏设备。过载保护装置可以通过监测负载大小并及时切断电路来保护设备。常见的过载保护装置包括热继电器、电子式过载保护器等。

在光储直柔系统中,设备在运行过程中可能会产生大量热量,如果温度过高,可能会导致设备损坏甚至引发火灾。因此,应设置温度保护装置,以防止设备因温度过高而损坏。温度保护装置可以通过监测设备温度并及时切断电路来保护设备。常见的温度保护装置包括温度传感器、温度开关等。

二、光储直柔在建筑电气节能中的信息安全防护策略

光储直柔技术作为一种集成了太阳能光伏、储能、直流配电和柔性交互

的新型建筑能源系统，为建筑电气节能带来了革命性的变化。然而，随着技术的广泛应用，信息安全问题也日益凸显。光储直柔系统涉及大量的数据传输、存储和处理，一旦遭受网络攻击，不仅可能影响系统的正常运行，还可能造成严重的财产损失和安全隐患。因此，制定有效的信息安全防护策略对于保障光储直柔系统的安全稳定运行至关重要。

（一）光储直柔系统的信息安全风险

光储直柔系统的信息安全风险主要来源于以下几个方面：

（1）网络攻击：黑客可能通过网络攻击手段，如病毒、木马、拒绝服务攻击等，对系统进行破坏或窃取敏感信息。

（2）数据泄露：系统中存储的大量敏感数据，如用户用电信息、储能设备状态信息等，一旦泄露，可能被不法分子利用进行欺诈或其他违法活动。

（3）系统漏洞：光储直柔系统可能存在设计或实现上的漏洞，被攻击者利用进行渗透攻击，进而控制整个系统。

（4）操作失误：系统操作人员的误操作或不当配置也可能导致信息安全问题，如未授权的访问、数据篡改等。

（二）信息安全防护策略

为了应对光储直柔系统的信息安全风险，需要采取多层次、全方位的信息安全防护策略。这些策略包括物理安全、网络安全、数据安全、应用安全和管理安全等方面。

1. 物理安全

物理安全是信息安全防护的第一道防线。对于光储直柔系统而言，物理安全主要包括以下几个方面：

（1）设备防护：确保系统设备的物理安全，防止设备被盗、损坏或被恶意篡改。

（2）环境控制：对系统设备所处的环境进行严格控制，如温度、湿度、防尘等，以确保设备的正常运行和延长使用寿命。

（3）访问控制：对系统设备的访问进行严格控制，只有授权人员才能接近和操作设备。

2. 网络安全

网络安全是光储直柔系统信息安全防护的核心。为了保障网络安全，需要采取以下措施：

（1）网络隔离：将光储直柔系统与外部网络进行物理或逻辑隔离，以减少遭受网络攻击的风险。

（2）防火墙与入侵检测系统：部署防火墙和入侵检测系统，对进出系统的网络流量进行监控和过滤，及时发现并阻止恶意攻击。

（3）加密通信：对系统内部及与外部网络的通信进行加密处理，防止敏感信息在传输过程中被窃取或篡改。

（4）定期漏洞扫描：定期对系统进行漏洞扫描，及时发现并修复潜在的安全漏洞。

3. 数据安全

数据安全是光储直柔系统信息安全防护的重要组成部分。为了保障数据安全，需要采取以下措施：

（1）数据备份与恢复：定期对系统数据进行备份，并建立完善的恢复机制，以应对数据丢失或损坏的情况。

（2）数据加密：对系统存储的敏感数据进行加密处理，防止数据在存储过程中被窃取或篡改。

（3）访问控制：对系统数据的访问进行严格控制，只有授权人员才能访问敏感数据。

（4）数据脱敏：在数据共享和交换过程中，对敏感数据进行脱敏处理，以降低数据泄露的风险。

4. 应用安全

应用安全是指确保系统应用程序的安全运行。为了保障应用安全，需要采取以下措施：

（1）安全编码规范：制定并严格执行安全编码规范，防止应用程序存在安全漏洞。

（2）输入验证：对应用程序的输入进行严格的验证和过滤，防止恶意输入导致的安全问题。

（3）会话管理：加强应用程序的会话管理，防止会话劫持、跨站请求伪造等安全威胁。

（4）安全审计：对应用程序的运行情况进行安全审计，及时发现并处理安全事件。

5. 管理安全

管理安全是指通过完善的管理制度和流程来保障信息安全。为了保障管理安全，需要采取以下措施：

（1）安全政策与标准：制定并发布信息安全政策与标准，明确信息安全的要求和责任。

（2）安全培训：定期对系统操作人员进行信息安全培训，提高他们的安全意识和操作技能。

（3）权限管理：对系统操作人员的权限进行严格管理，确保他们只能访问其职责范围内的资源。

（4）应急响应：建立完善的应急响应机制，一旦发生信息安全事件，能够迅速响应并采取有效措施进行处理。

（三）信息安全防护策略的实施

为了确保光储直柔系统的信息安全防护策略得到有效实施，需要采取以下措施：

（1）领导重视：企业领导应高度重视信息安全工作，将其纳入企业的战略规划和日常管理中。

（2）组织保障：建立健全的信息安全组织体系，明确各部门的职责和分工。

（3）资源投入：加大对信息安全防护的资源投入，包括人力、物力和财力等方面。

（4）持续改进：定期对信息安全防护策略进行评估和改进，以适应不断变化的安全威胁和技术发展。

第三节 可靠性保障措施

一、光储直柔在建筑电气节能中的设备选型与质量控制

光储直柔系统是一种集成了光伏发电、电池储能、直流配电及柔性用电的新型建筑配电系统，旨在通过高效的能源管理和利用，推动建筑领域的节能减排。在建筑电气节能中，光储直柔系统的设备选型与质量控制至关重要，直接关系到系统的整体性能和运行效果。

（一）光储直柔系统概述

光储直柔系统由光伏发电、电池储能、直流配电及柔性用电四部分组成。其中，"光"是指建筑场地内建设分布式太阳能光伏系统，"储"是指建筑内分布式蓄电及利用邻近停车场电动汽车的电池资源蓄电，"直"是指建筑内部采用直流配电，"柔"是指柔性用电，使建筑用电系统成为电网的柔性负载或虚拟灵活电源。

光储直柔系统通过将光伏发电与电池储能、直流负荷及微网控制相互结合，可以实现对能源的高效利用、灵活调度及优化管理。同时，该系统还可以满足建筑能源的供需平衡，降低能源消耗和碳排放，进而推动建筑能源领域的发展和创新。

（二）设备选型

在光储直柔系统的设备选型中，需要考虑设备的性能、效率、可靠性、经济性以及与其他设备的兼容性等因素。

1.光伏发电设备

光伏发电设备是光储直柔系统的重要组成部分，其选型应关注光伏电池的类型、效率、寿命和可靠性等因素。

目前市场上常见的光伏电池包括单晶硅、多晶硅、薄膜光伏电池和新型

光伏电池（如钙钛矿电池、有机太阳能电池等）。单晶硅和多晶硅电池因具较高性价比仍然占据市场主体地位，适用于屋顶、室外雨棚等场所；薄膜光伏电池适用于立面展示效果好的场合；新型光伏电池则具有较高的理论转化效率和较低的制备成本，发展潜力大。

光伏电池的转换效率越高，单位面积发电量越大，系统成本越低。同时，电池的寿命也是选型的重要考虑因素，长寿命的电池可以减少更换频率，降低维护成本。光伏电池应具备良好的耐高温、耐湿、抗腐蚀等性能，以保证在各种环境条件下都能稳定运行。

2. 储能设备

储能设备在光储直柔系统中起着至关重要的作用，其选型应关注储能容量、充放电效率、循环寿命和安全性等因素。

储能设备的容量应根据建筑用电需求和光伏发电量来确定，以确保在光照不足或夜间能够持续供电。充放电效率越高，储能设备的能量损失越小，系统整体效率越高。

储能设备的循环寿命越长，使用寿命越长，更换频率越低，经济性越好。储能设备应具备过充保护、过放保护、短路保护等安全功能，以防止因电池故障引发火灾等安全事故。

3. 直流配电设备

直流配电设备是光储直柔系统的核心部分，其选型应关注电压等级、电流容量、转换效率和可靠性等因素。

根据建筑用电需求和设备特性，选择合适的电压等级。一般来说，中低压直流配电网较为常用。电流容量应满足建筑用电设备的最大需求，以确保在负荷高峰时能够稳定运行。转换效率越高，能量损失越小，系统整体效率越高。直流配电设备应具备高可靠性，以确保在恶劣环境条件下也能稳定运行。

4. 柔性用电设备

柔性用电设备是光储直柔系统实现柔性用电的关键，其选型应关注设备的可调节性、可中断性和智能化程度等因素。

设备应具备可调节功率的功能，以便根据电力系统的供需关系随时调整用电功率。设备应具备可中断功能，以便在电力紧缺时段自动切断电源，减少电网负荷。设备应具备智能化控制功能，以便通过智能算法实现最优化的能源管理和利用。

（三）质量控制

在光储直柔系统的设备选型完成后，还需要进行严格的质量控制，以确保系统的整体性能和运行效果。

在选择设备供应商时，应对其资质进行严格审核，包括营业执照、生产许可证、质量管理体系认证等证件的核查，以及对其生产规模、技术水平、售后服务等方面的评估。在设备到货后，应进行严格的检验与测试，包括外观检查、性能测试、安全测试等。对于关键设备，还应进行抽样送检或委托第三方检测机构进行检测。在设备的安装调试过程中，应严格按照相关标准和规范进行操作，确保设备安装正确、连接可靠。安装调试完成后，应进行系统的整体验收，包括功能测试、性能测试、安全测试等。验收合格后，方可投入使用。光储直柔系统投入运行后，应进行定期的运行维护与管理，包括设备巡检、故障排查、性能监测等。同时，还应建立完善的设备档案和维修记录，以便对设备的使用情况进行跟踪和管理。

二、光储直柔在建筑电气节能中的系统冗余与备份策略

随着建筑电气化程度的提高和可再生能源的广泛应用，光储直柔系统作为一种集光伏发电、储能、直流配电及柔性用电于一体的新型建筑配电系统，正逐步成为建筑电气节能的重要选择。然而，为了确保系统的稳定运行和可靠性，系统冗余与备份策略的制定显得尤为重要。

（一）光储直柔系统的基本组成及特点

光储直柔系统主要由光伏发电、储能、直流配电及柔性用电四部分组成，具有电力低碳化、负荷柔性化、用电高效化、运行智能化等特点。该系统通

过将光伏发电与储能、直流配电及柔性用电相结合，实现了能源的高效利用和灵活调度，为建筑电气节能提供了有力支撑。

（二）系统冗余与备份策略的重要性

在建筑电气节能中，光储直柔系统的稳定运行和可靠性直接关系到建筑的能源供应和用电安全。然而，由于光伏发电具有间歇性和不确定性，以及电网供电可能存在的故障和波动，系统冗余与备份策略的制定显得尤为重要。通过合理的冗余与备份策略，可以有效提高系统的可靠性和稳定性，确保在各种复杂环境下都能为建筑提供稳定的能源供应。

（三）系统冗余与备份策略的制定原则

在制定光储直柔系统的冗余与备份策略时，应遵循以下原则：

（1）可靠性优先：确保系统在各种复杂环境下都能稳定运行，满足建筑的能源需求。

（2）经济性合理：在保证可靠性的前提下，尽可能降低系统的建设和运行成本。

（3）可扩展性强：考虑未来系统扩容和升级的需求，确保冗余与备份策略具有一定的前瞻性和灵活性。

（四）系统冗余与备份策略的具体实施

1. 光伏发电系统的冗余与备份

光伏发电系统是光储直柔系统的重要组成部分，其冗余与备份策略的制定应关注光伏电池板的配置和光伏逆变器的选型。

在光伏电池板的配置上，可以采用并联或串联的方式提高系统的可靠性和稳定性。例如，在并联配置中，即使某一块电池板出现故障，其他电池板仍然可以正常工作，确保系统的整体输出不受影响。

在光伏逆变器的选型上，应选择具备故障隔离和自动重启功能的设备。当逆变器出现故障时，可以自动隔离故障部分，确保其他部分正常工作，并在故障排除后自动重启，恢复系统的正常运行。

2. 储能系统的冗余与备份

储能系统是光储直柔系统的关键环节，其冗余与备份策略的制定应关注储能电池的配置和电池管理系统的选型。

在储能电池的配置上，可以采用并联或串联的方式提高系统的可靠性和稳定性。同时，还可以配置备用电池组，在主电池组出现故障或无法满足能源需求时，自动切换到备用电池组，确保系统的连续供电。在电池管理系统的选型上，应选择具备故障预警、过充保护、过放保护、短路保护等功能的设备。当电池组出现故障或异常情况时，可以及时发现并采取措施，防止故障扩大或引发安全事故。

3. 直流配电系统的冗余与备份

直流配电系统是光储直柔系统的核心部分，其冗余与备份策略的制定应关注直流电源的配置和配电线路的冗余设计。

在直流电源的配置上，可以采用并联或串联的方式提高系统的可靠性和稳定性。同时，还可以配置备用电源，在主电源出现故障或无法满足能源需求时，自动切换到备用电源，确保系统的连续供电。在配电线路的冗余设计上，可以采用双回路或环形回路等方式提高系统的可靠性和稳定性。即使某一条线路出现故障，其他线路仍然可以正常工作，确保系统的整体输出不受影响。

4. 柔性用电系统的冗余与备份

柔性用电系统是光储直柔系统的关键组成部分，其冗余与备份策略的制定应关注用电设备的冗余配置和智能控制系统的选型。

在用电设备的冗余配置上，可以采用并联或备用设备的方式提高系统的可靠性和稳定性。例如，在关键用电设备上配置备用设备，在主设备出现故障时，自动切换到备用设备，确保系统的正常运行。在智能控制系统的选型上，应选择具备故障隔离、自动重启、远程控制等功能的设备。当系统出现故障时，可以自动隔离故障部分，确保其他部分正常工作，并在故障排除后自动重启，恢复系统的正常运行。同时，还可以通过远程控制对系统进行监控和管理，提高系统的可靠性和稳定性。

（五）系统冗余与备份策略的实施效果评估

在制定和实施光储直柔系统的冗余与备份策略后，还需要对其实施效果进行评估。评估内容主要包括系统的可靠性、稳定性、经济性以及可扩展性等方面。通过评估，可以了解系统的实际运行情况，发现存在的问题和不足，为后续的优化和改进提供依据。

三、光储直柔在建筑电气节能中的定期维护与检修计划

随着全球对能源效率与环境保护意识的提高，建筑电气节能技术得到了快速发展。光储直柔系统因其高效、环保和灵活的特性，在建筑电气节能领域得到了广泛应用。然而，要确保光储直柔系统长期稳定运行并发挥其最大效益，定期维护与检修计划至关重要。

（一）光储直柔的重要性

光储直柔系统通过光伏发电、储能、直流配电及柔性用电这四部分技术有机结合，实现了能源的高效利用、灵活调度及优化管理，对于降低建筑能耗、减少碳排放具有重要意义。

（二）定期维护与检修计划的重要性

定期维护与检修计划对于光储直柔系统的稳定运行至关重要。首先，光伏板、储能电池等关键部件在长期使用过程中会积累灰尘、污垢，影响其发电和储能效率，定期清洁和维护可以确保其性能稳定。其次，电气设备和线路在长期运行中可能会出现老化、磨损或故障，定期检修可以及时发现并处理潜在问题，避免安全事故的发生。此外，定期维护与检修还可以延长系统使用寿命，降低长期运行成本。

（三）定期维护与检修计划的具体内容

1. 光伏发电系统的维护与检修

定期清洁光伏板表面的灰尘、鸟粪等污垢，保持其表面清洁，提高发电

效率。清洁频率应根据当地环境条件和污染程度确定，一般建议每季度清洁一次。

检查光伏板是否有破损、裂纹或变形等情况，如有发现应及时更换或修复。检查光伏逆变器的运行状态和指示灯，确保其工作正常。定期记录逆变器的工作参数，如输出电压、电流、功率等，以便及时发现异常。

2. 储能系统的维护与检修

定期检查储能电池的电压、电流、温度等参数，确保其工作正常。如发现电池组中存在单体电池性能异常或老化现象，应及时更换。

检查电池管理系统的运行状态，确保其能准确监测电池组的各项参数，并能及时发出预警和故障信息。保持电池室的清洁和通风，避免灰尘、湿气等对电池组的影响。定期检查电池室的温度和湿度，确保其在适宜范围内。

3. 直流配电系统的维护与检修

定期检查直流配电柜的接线是否牢固、接触是否良好，避免接触不良导致的发热和火灾风险。

检查直流线路的绝缘性能是否良好，有无破损、老化或短路现象。定期测量线路的电阻和电压降，确保其在规定范围内。检查直流断路器和熔断器的运行状态和动作可靠性，确保其能在故障发生时及时切断电路，保护设备和人员安全。

4. 柔性用电系统的维护与检修

定期检查智能控制系统的运行状态和程序逻辑，确保其能准确控制用电设备的开关和功率调节。检查系统的通信接口和通信协议，确保其与电网和其他设备的通信正常。检查用电设备的运行状态和能耗情况，如照明系统、空调系统等，确保其工作正常并符合节能要求。对于可调节的用电设备，如LED灯具、变频空调等，应定期检查其调节功能是否正常。

（四）维护与检修计划的实施与管理

根据光储直柔系统的实际情况和运行要求，制定详细的维护与检修计划。计划应明确各项维护与检修工作的内容、周期、责任人和执行标准，确保各项工作有序进行。对维护与检修过程中的各项数据进行详细记录，包括检查时间、检查结果、处理措施等。建立完善的档案管理系统，将维护与检修记录进行归档保存，以便后续查询和分析。

定期对维护与检修人员进行专业培训和技能考核，提高其业务水平和操作技能。培训内容应包括光储直柔系统的工作原理、维护检修方法、安全操作规程等。利用智能化监测与管理手段对光储直柔系统进行实时监测和管理。通过安装传感器、数据采集器等设备，实时采集系统的各项参数和运行状态信息，并通过数据分析软件进行处理和分析。一旦发现异常或故障，系统能自动发出预警信息，提醒维护人员及时处理。

四、光储直柔在建筑电气节能中的可靠性测试与验证方法

随着全球对能源效率和环境保护的日益关注，建筑电气节能技术得到了快速发展。光储直柔系统，作为一种集成了光伏发电、储能、直流配电及柔性用电的新型建筑配电系统，因其高效、环保和灵活的特性，在建筑电气节能领域展现出巨大的潜力。然而，要确保光储直柔系统在实际应用中能够长期稳定运行并发挥预期的节能效果，对其进行可靠性测试与验证至关重要。

（一）光储直柔系统概述

光储直柔系统是一种集成了光伏发电、储能、直流配电及柔性用电技术的建筑配电系统。该系统通过光伏发电板收集太阳能，将其转换为电能，并通过储能设备储存起来。在需要时，储能设备释放电能，通过直流配电系统供给建筑内的用电设备。同时，系统还具备柔性用电功能，能够根据电网负荷和需求自动调节建筑用电，实现能源的高效利用和优化管理。

（二）可靠性测试与验证的重要性

可靠性测试与验证是确保光储直柔系统在实际应用中能够长期稳定运行并发挥预期效果的关键环节。通过可靠性测试，可以评估系统在特定环境条件下的运行稳定性、耐久性和安全性，发现潜在的设计缺陷和故障隐患，为

系统的优化和改进提供依据。同时，验证方法的应用可以确保测试结果的准确性和可靠性，为系统的实际应用提供有力支持。

（三）可靠性测试方法

1. 环境适应性测试

环境适应性测试是评估光储直柔系统在不同环境条件下的运行稳定性和耐久性的重要手段。测试内容包括但不限于：

（1）高温测试：将系统置于高温环境中运行一段时间，观察其性能变化和故障情况。高温测试可以模拟夏季高温天气对系统的影响，评估系统的热稳定性和散热性能。

（2）低温测试：将系统置于低温环境中运行一段时间，观察其性能变化和故障情况。低温测试可以模拟冬季低温天气对系统的影响，评估系统的低温启动能力和耐寒性能。

（3）湿度测试：将系统置于高湿度环境中运行一段时间，观察其性能变化和故障情况。湿度测试可以模拟潮湿环境对系统的影响，评估系统的防潮性能和绝缘性能。

（4）盐雾测试：将系统置于含有盐雾的环境中运行一段时间，观察其性能变化和腐蚀情况。盐雾测试可以模拟海滨或海洋环境对系统的影响，评估系统的抗腐蚀性能。

2. 电气性能测试

电气性能测试是评估光储直柔系统电气性能和安全性的重要手段。测试内容包括但不限于：

（1）绝缘电阻测试：测试系统各部分的绝缘电阻值，确保其在规定范围内。绝缘电阻测试可以评估系统的绝缘性能和安全性能。

（2）耐压试验：对系统进行耐压测试，观察其是否出现击穿或闪络现象。耐压试验可以评估系统的绝缘强度和耐电压能力。

（3）接地电阻测试：测试系统的接地电阻值，确保其在规定范围内。接地电阻测试可以评估系统的接地性能和安全性能。

（4）短路保护测试：模拟系统发生短路故障的情况，观察其保护装置的动作情况。短路保护测试可以评估系统的短路保护能力和安全性能。

3. 功能性能测试

功能性能测试是评估光储直柔系统各项功能是否正常运行的重要手段。测试内容包括但不限于：

（1）光伏发电性能测试：测试光伏发电板在不同光照条件下的发电效率和输出功率。光伏发电性能测试可以评估系统的光伏发电能力和性能稳定性。

（2）储能性能测试：测试储能设备的充放电效率、循环寿命和能量密度等性能指标。储能性能测试可以评估系统的储能能力和储能效率。

（3）直流配电性能测试：测试直流配电系统的电压稳定性、电流分配和功率因数等性能指标。直流配电性能测试可以评估系统的配电能力和电能质量。

（4）柔性用电性能测试：测试系统根据电网负荷和需求自动调节建筑用电的能力。柔性用电性能测试可以评估系统的柔性用电功能和能源管理效果。

第四节　提升光储直柔系统安全性与可靠性的策略

一、光储直柔在建筑电气节能中的技术创新与升级策略

随着全球能源危机和环境污染问题的日益严峻，建筑节能已成为实现可持续发展目标的重要途径之一。光储直柔系统，作为一种集成了光伏发电、储能、直流配电及柔性用电技术的新型建筑电气系统，因其高效、环保和灵活的特性，正逐步成为建筑电气节能领域的创新焦点。

（一）光储直柔系统概述

光储直柔系统是一种集成了光伏发电、储能、直流配电及柔性用电技术的新型建筑电气系统。该系统通过光伏板将太阳能转化为电能，利用储能设备储存多余的电能，并通过直流配电系统直接供给建筑内的用电设备。同时，

系统具备柔性用电功能,能够根据电网负荷和需求自动调节建筑用电,实现能源的高效利用和优化管理。光储直柔系统不仅能够有效提高建筑的能源利用效率,降低碳排放,还能增强建筑的供电可靠性和安全性。

(二)技术创新与升级策略

1. 光伏技术的创新与应用

光伏发电是光储直柔系统的核心组成部分,其转换效率和使用寿命直接影响系统的整体性能。因此,光伏技术的创新与应用是光储直柔系统技术创新与升级的关键。

随着材料科学和半导体技术的不断进步,高效光伏组件的研发成为提高光伏发电效率的重要途径。新型光伏材料如钙钛矿电池、有机太阳能电池等具有更高的转换效率和更好的稳定性,是未来光伏技术的重要发展方向。

通过引入物联网、大数据和人工智能等技术,实现对光伏系统的智能化管理。通过实时监测光伏板的工作状态、发电效率和环境条件,优化光伏系统的运行策略,提高发电效率和使用寿命。

2. 储能技术的创新与应用

储能技术在光储直柔系统中发挥着关键作用,它能够平抑光伏发电的波动性,提高系统的供电可靠性和稳定性。因此,储能技术的创新与应用也是光储直柔系统技术创新与升级的重要方向。

除了传统的锂离子电池外,液流电池、钠硫电池等新型储能技术因其高能量密度、长寿命和低成本等优势,正逐步成为储能领域的研究热点。未来,这些新型储能技术有望在光储直柔系统中得到广泛应用。通过引入先进的控制算法和预测模型,实现对储能系统的智能化管理。根据电网负荷和需求,优化储能系统的充放电策略,提高储能效率和使用寿命。

3. 直流配电技术的创新与应用

直流配电技术是光储直柔系统的另一项关键技术。相比传统的交流配电系统,直流配电系统具有更高的能源利用效率和更好的稳定性。因此,直流配电技术的创新与应用也是光储直柔系统技术创新与升级的重要方向。

通过优化直流配电设备的结构和材料,提高设备的转换效率和可靠性。同时,开发适用于不同应用场景的直流配电设备,满足建筑电气的多样化需求。在光储直柔系统中构建直流微电网,实现分布式电源的灵活接入和高效管理。通过直流微电网,可以实现建筑内部的能源自给自足和优化调度,降低对外部电网的依赖。

4. 柔性用电技术的创新与应用

柔性用电技术是光储直柔系统的核心功能之一。它能够实现建筑用电的智能化管理和优化调度,提高能源的利用效率。因此,柔性用电技术的创新与应用也是光储直柔系统技术创新与升级的重要方向。

通过引入物联网、传感器和通信技术等,实现对建筑内用电设备的智能化管理。通过实时监测设备的用电情况,优化设备的运行策略,降低能耗和碳排放。通过建立需求响应机制,鼓励建筑用户根据电网负荷和需求调整用电行为。通过给予用户一定的经济激励,实现建筑用电的灵活调节和优化管理。

(三)升级策略

政府应加大对光储直柔系统的政策支持和引导力度,制定相关标准和规范,推动系统的标准化和规模化应用。同时,通过提供财政补贴、税收优惠等激励措施,降低系统的建设和运营成本,提高系统的市场竞争力。光储直柔系统的技术创新与升级需要产业链各方的协同努力。光伏组件、储能设备、直流配电设备和智能用电设备等关键环节的制造商应加强合作与交流,共同推动技术的创新与应用。同时,建立完善的售后服务体系,为用户提供及时、专业的技术支持和服务保障。

光储直柔系统的技术创新与升级离不开高素质的专业人才支持。因此,应加大对相关领域人才的培养和引进力度,建立完善的人才培养体系和激励机制。通过举办培训班、研讨会等活动,提高从业人员的专业素质和技能水平。同时,吸引国内外优秀人才加入光储直柔系统的研发与应用领域,推动系统的快速发展。通过建设一批光储直柔系统示范项目,展示系统的实际应用效果和优势。通过示范项目的推广和应用，提高公众对光储直柔系统的认知和接受度，推动系统的普及和应用。同时，通过示范项目的反馈和评估，不断优化和完善系统的设计和性能。

二、光储直柔在建筑电气节能中的标准化与规范化管理

随着全球能源危机和环境污染问题的日益严峻，建筑电气节能已成为推动可持续发展的关键环节。光储直柔系统，作为集成了光伏发电、储能、直流配电及柔性用电技术的新型建筑电气系统，因其高效、环保和灵活的特性，正逐步成为建筑电气节能的重要方向。然而，光储直柔系统的发展和应用仍面临诸多挑战，其中之一便是标准化与规范化管理的问题。

（一）标准化与规范化管理的重要性

标准化与规范化管理是推动光储直柔系统健康、有序发展的重要保障。通过制定统一的标准和规范，可以确保光储直柔系统的安全性、可靠性和高效性，提高系统的应用效果和市场竞争力。同时，标准化与规范化管理还可以促进技术的创新和升级，推动产业链的协同发展，为光储直柔系统的广泛应用奠定坚实基础。

（二）当前存在的问题

当前，光储直柔系统在建筑电气节能中的应用仍处于初级阶段，标准化与规范化管理存在诸多问题。

目前，针对光储直柔系统的相关标准和规范尚未完全建立，缺乏统一的设计、施工、验收和维护标准，导致系统的安全性和可靠性难以保证。光储直柔系统中的光伏技术、储能技术、直流配电技术和柔性用电技术等技术成熟度不一，缺乏统一的技术标准和规范，导致系统的性能和稳定性存在差异。

光储直柔系统的产业链涉及多个环节，包括光伏组件、储能设备、直流配电设备和智能用电设备等，由于缺乏统一的标准和规范，各环节的协同性不足，影响了系统的整体性能和应用效果。目前，针对光储直柔系统的监管

机制尚不完善，缺乏有效的监管手段和标准，难以保证系统的安全、可靠和高效运行。

（三）标准化与规范化管理的内容

针对光储直柔系统在建筑电气节能中的应用，标准化与规范化管理应涵盖以下几个方面：

（1）设计标准：制定统一的设计标准，包括光伏组件的选型、储能设备的配置、直流配电系统的设计以及柔性用电技术的实现等，确保系统的安全性和可靠性。

（2）施工标准：制定统一的施工标准，包括光伏组件的安装、储能设备的布置、直流配电系统的接线以及智能用电设备的安装等，确保系统的施工质量和效率。

（3）验收标准：制定统一的验收标准，包括光伏组件的性能测试、储能设备的充放电测试、直流配电系统的功能验证以及柔性用电技术的效果评估等，确保系统的性能和稳定性满足要求。

（4）维护标准：制定统一的维护标准，包括光伏组件的清洁、储能设备的维护、直流配电系统的检修以及智能用电设备的更新等，确保系统的长期稳定运行。

（5）技术标准：制定统一的技术标准，包括光伏技术的转换效率、储能技术的能量密度、直流配电技术的转换效率以及柔性用电技术的调节精度等，确保系统的技术先进性和竞争力。

（四）实施策略

为推动光储直柔系统在建筑电气节能中的标准化与规范化管理，应采取以下实施策略：

（1）加强标准体系建设：政府、行业协会和科研机构应加强合作，共同推动光储直柔系统相关标准和规范的制定和完善，形成完整、统一的标准体系。

（2）推动技术创新与升级：鼓励企业加大研发投入，推动光伏技术、储能技术、直流配电技术和柔性用电技术等技术创新和升级，提高系统的技术先进性和竞争力。

（3）加强产业链协同：通过制定统一的标准和规范，促进光伏组件、储能设备、直流配电设备和智能用电设备等产业链的协同发展，提高系统的整体性能和应用效果。

（4）完善监管机制：建立健全光储直柔系统的监管机制，加强对系统设计、施工、验收和维护等环节的监管力度，确保系统的安全、可靠和高效运行。

（5）加强人才培养与引进：加大对光储直柔系统相关人才的培养和引进力度，建立完善的人才培养体系和激励机制，提高从业人员的专业素质和技能水平。

（6）推广示范项目：通过建设一批光储直柔系统示范项目，展示系统的实际应用效果和优势，提高公众对光储直柔系统的认知和接受度，推动系统的普及和应用。

参考文献

[1] 李琰君. 建筑设计与建筑节能技术研究 [M]. 北京：北京工业大学出版社，2023.

[2] 于磊鑫，袁登峰，段桂芝. 建筑节能与暖通空调节能技术研究 [M]. 哈尔滨：哈尔滨出版社，2023.

[3] 李德英. 建筑节能技术 第 2 版 [M]. 北京：机械工业出版社，2021.

[4] 姜杰. 智能建筑节能技术研究 [M]. 北京：北京工业大学出版社，2020.

[5] 扈恩华，李松良，张蓓. 建筑节能技术 [M]. 北京：北京理工大学出版社，2018.

[6] 李保峰. 植物活墙与建筑节能 [M]. 武汉：华中科技大学出版社，2019.

[7] 史晓燕，王鹏. 建筑节能技术 第 2 版 [M]. 北京：北京理工大学出版社，2020.

[8] 胡文斌. 教育绿色建筑及工业建筑节能 [M]. 昆明：云南大学出版社，2020.

[9] 易嘉. 绿色建筑节能设计研究与工程实践 [M]. 哈尔滨：哈尔滨出版社，2023.

[10] 郝可可，张灵祉，胡梦月. 建筑节能与工程风险研究 [M]. 上海：同济大学出版社，2021.

[11] 高露，石倩，岳增峰. 绿色建筑与节能设计 [M]. 延吉：延边大学出版社，2022.

[12] 吴蓁. 建筑节能工程材料及检测 [M]. 上海：同济大学出版社，2020.

[13] 郭汉丁. 建筑节能工程质量治理与监管 [M]. 北京：机械工业出版社，

2019.

[14] 余晓平. 土木与建筑类专业新工科系列教材 建筑节能与新技术应用[M]. 重庆：重庆大学出版社，2023.

[15] 梁益定. 建筑节能及其可持续发展研究[M]. 北京：北京理工大学出版社，2019.

[16] 侯立君，贺彬，王静. 建筑结构与绿色建筑节能设计研究[M]. 中国原子能出版社，2020.

[17] 兰兵. 中美建筑节能设计标准比较研究[M]. 武汉：华中科学技术大学出版社，2020.

[18] 吴蓁，徐小威，高珏. 建筑节能防水材料制备及检测实验教程[M]. 上海：同济大学出版社，2021.

[19] 杨丽. 绿色建筑设计 建筑节能[M]. 上海：同济大学出版社，2016.

[20] 朱彩霞，杨瑞梁. 建筑节能技术[M]. 武汉：湖北科学技术出版社，2012.

[21] 华常春. 建筑节能技术[M]. 北京：北京理工大学出版社，2013.

[22] 梅胜，吴佐莲. 建筑节能技术[M]. 郑州：黄河水利出版社，2013.

[23] 杨东. 建筑节能施工与监理[M]. 重庆：重庆大学出版社，2012.